中等职业教育服装设计与工艺专业系列教材

Clothes

服装立体裁剪

FUZHUANG LITI CAIJIAN

主　编 / 陈友玲

副主编 / 邓天怡　黄小琴　夏　颖

参　编 / 苏梨兰　唐利婷

U0281894

重庆大学出版社

图书在版编目(CIP)数据

服装立体裁剪/陈友玲主编. --重庆:重庆大学
出版社,2024.9
中等职业教育服装设计与工艺专业系列教材
ISBN 978-7-5689-3473-2

Ⅰ.①服… Ⅱ.①陈… Ⅲ.①立体裁剪—中等专业学
校—教材 Ⅳ.①TS941.631

中国版本图书馆 CIP 数据核字(2022)第 136180 号

中等职业教育服装设计与工艺专业系列教材

服装立体裁剪

主 编 陈友玲

责任编辑:章 可 版式设计:章 可
责任校对:邹 忌 责任印制:赵 晟

重庆大学出版社出版发行
出版人:陈晓阳
社址:重庆市沙坪坝区大学城西路 21 号
邮编:401331
电话:(023)88617190 88617185(中小学)
传真:(023)88617186 88617166
网址:http://www.cqup.com.cn
邮箱:fxk@ cqup.com.cn(营销中心)
全国新华书店经销
重庆市正前方彩色印刷有限公司印刷

开本:787mm×1092mm 1/16 印张:9.25 字数:215 千
2024 年 9 月第 1 版 2024 年 9 月第 1 次印刷
ISBN 978-7-5689-3473-2 定价:45.00 元

本书如有印刷、装订等质量问题,本社负责调换

前　言

　　服装立体裁剪是研究服装空间立体造型的一门学问，是进行服装学习的专业基础课程。立体裁剪以突出的直观性等特点，为设计特色化、差异化和高品质的服装创造了条件，在服装产品开发中扮演着日益重要的角色。随着时代的发展，立体裁剪与平面裁剪的综合应用更是成为服装工业中的技术核心。近几年，各省逐步将"服装立体裁剪"作为对口高考课程，更是体现了本课程的基础性与重要性。

　　本书将"理论+实操"结合，以"项目—任务"的方式展开教学，共设 6 个项目，23 个任务。先从立体裁剪基础知识、半身裙、衣身原型、领子的立体裁剪入手，在外套和全身裙变化款式中实现立体裁剪的有效应用。

　　本书特色：

　　1. 思政元素进教材：本书在实践操作中强调规范流程与安全意识，突出精益求精的工匠精神与爱岗敬业的劳动态度，实现思政元素与课程内容的融合。

　　2. "岗课赛证"融通：本书对接服装设计与工艺人才培养方案和全国职业院校技能大赛中职服装立裁项目的内容和要求，将服装企业产品研发技术岗位的工作内容融入其中。

　　3. 教学内容项目化：本书按照服装版型技术的要点由浅入深分为 6 个项目，项目中的任务与流行时尚、技能大赛相结合，以企业工作过程为主线，让学生感知真实的职场情境。

　　4. 教学目标明确：每个项目有三维目标，使教与学有明确的目标和要求，有利于推动教学内容的逐步开展。

　　本书由陈友玲主编，邓天怡、黄小琴、夏颖任副主编，苏梨兰、唐利婷参与编写。具体编写分工如下：项目一由邓天怡编写，项目二由陈友玲编写，项目三由黄小琴编写，项目四由陈友玲编写，项目五由夏颖编写，项目六由苏梨兰、唐利婷编写。

　　由于作者水平有限，书中难免有疏漏之处，敬请广大读者批评指正。

编者

2023 年 11 月

目　录

立体裁剪是与平面裁剪不同的一种裁剪方法，是服装设计的一种造型手法。它的操作方法是直接将布料披覆在人体或人体模型上，借助辅助工具，在三维空间中直接感受面料的特性，运用边观察、边造型、边裁剪的方法，裁制出一定服装款式的衣片纸样，再制成服装。立体裁剪有"软雕塑"之称，具有艺术与技术的双重特性。

[知识目标]

- 了解服装的概念；
- 了解立体裁剪的概念；
- 了解人台的结构线与点的知识；
- 认识立体裁剪的工具及材料。

[技能目标]

- 能运用立体裁剪的工具；
- 能对人台结构线、点进行标记；
- 能掌握立体裁剪的坯布整理与针法。

[素养目标]

- 培养规范安全操作与节约材料的意识。

服装与立体裁剪

一、服装的概念

在人类生活的"衣、食、住、行"四个方面,"衣"之所以排在第一位,是由人类社会活动的需要决定的,"衣"的出现是人类有别于动物的主要特征之一。这里的"衣"就是我们常说的服装的名词概念。

服装学中定义的服装一般是指衣服、鞋帽、服饰配件的总称,包括首饰、帽子、围巾、包、腰带、手套、鞋袜等,还包括任何形式的作用于人身上的某种装束。现代服装是技术与艺术密切结合的产物,同时要满足穿着的实用和审美的表现两个方面的要求。具体来讲,现代服装是经过各种不同的面料材质、图案色彩、工艺制作、艺术设计综合而成,并通过不同人的穿用来展现效果。

二、立体裁剪的概念

1. 立体裁剪的定义

立体裁剪是相对于平面裁剪而言的另一种服装造型手法,它直接将面料披挂在立体的人体或人体模型上进行裁剪与设计,融技术与艺术于一体,有"软雕塑"之称,是完成服装款式造型的重要方法之一。

立体裁剪的具体操作方式是使用与服装面料特性相近的试样布或白坯布,将面料直接覆盖在人体或人体模型上,使用大头针、剪刀等工具,通过分割、折叠、抽缩、拉展等手法,在注重面料经纬向的同时,靠视觉与感觉塑造出服装造型,然后再从人体或人体模型上取下裁好的布样进行平面修正,转换得到更加精确得体的服装纸样。立体裁剪可以边设计、边裁剪,能够直观地完成服装结构设计,是行之有效的裁剪方法,也是展现服装设计师灵感的技术。

随着现代服饰文化与服装工业的发展,人们由于生活条件的改善,审美观念的改变,对服装品位的要求越来越高。世界服饰文化通过碰撞、互补、交融,促进了服装裁剪技术的不断完善和提高。立体裁剪与平面裁剪的交替、互补使用,使立体裁剪成为世界范围的服装构成技术。

2. 立体裁剪的特点

(1)直观性

立体裁剪具有造型直观、准确的特点,这是由立体裁剪的方式决定的。无论什么造型的款式,拿到人台上比划、操作一下,布料在人体模型上呈现的空间形态、结构特点、服装廓型便会直接、清楚地展现出来。通过视觉观察来处理体型与服装构成的关系,立体裁剪是最直接、最简便的裁剪手段。

（2）实用性

立体裁剪不仅适用于结构简单的服装，也适用于款式多变的时装。由于立体裁剪不受平面计算公式的限制，而是按设计的需要在人体模型上直接进行裁剪创作，所以它更适用于个性化的时装设计。

（3）灵活性

在操作过程中，可以边设计、边裁剪、边改进，随时观察效果，随时纠正问题。这样就能解决平面裁剪中许多难以解决的造型问题。

（4）准确性

平面裁剪是经验性的裁剪方法，设计与创作往往受设计者的经验及想象空间的局限，不易达到理想的效果。而立体裁剪直接在人体上进行服装的造型设计，立体的形态更为直观，能更准确地表现服装造型。

（5）易学性

立体裁剪技术不仅适合专业设计人员掌握，也非常适合初学者掌握。只要能够掌握立体裁剪的操作技法和基本要领，具有一定的审美能力，就能自由地发挥想象力，进行设计与创作。

3. 立体裁剪与平面结构设计的应用

服装立体裁剪和平面结构设计是服装结构设计的两大手法。在制衣厂里，休闲服装的款式一般较宽松，可以不用立体裁剪而用平面结构设计；而在一些高级时装厂里，服装更注重造型设计，有的款式以贴体或较贴体为主，就会用到立体裁剪，其做法是以立体裁剪取得基型模版，再把基型模版按平面结构设计进行变化，这样既快又准。在国内，服装行业往往以平面结构设计为主，以立体裁剪为辅，虽然立体裁剪做出的纸样更精准，但制作过程复杂且效率低，不适合社会化大生产。

>>>>>>> **任务二**
立体裁剪的基础知识

一、工具与材料

1. 基础工具

（1）人台

人体模型是人体的替代物（简称人台，图1-1），是立体裁剪最主要的工具之一。其规格、尺寸、质量都应基本符合真实人体的各种要素。人体模型的标准比例是否准确，将直接影响在立体裁剪中设计的服装成品质量。进行立体裁剪工作时应根据实际需要选择合适的人台。

（2）熨斗

立体裁剪所用布料要求平整，经纬纱向正直，所以在使用前要进行熨烫。一般选用调温电熨斗（图1-2），可针对不同类型的布料调整温度。

（3）尺

皮尺（图1-3）也可称为量衣尺，现在多采用玻璃纤维和PVC塑料合成的材料制成。其主要用于立体裁剪时直接测量各人体结构之间的数据，也可在立体裁剪中测量立裁造型中的数据。

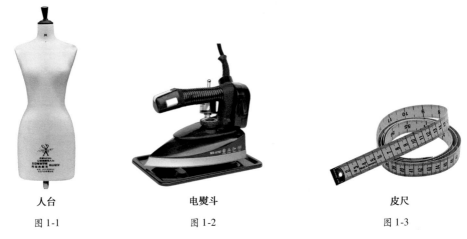

| 人台 | 电熨斗 | 皮尺 |
| 图1-1 | 图1-2 | 图1-3 |

直尺（图1-4）主要在进行平面裁片的修正绘制时使用。

曲线尺有多种类型，如多功能曲线尺（图1-5）、袖窿尺（图1-6）等。曲线尺主要在描绘各种形状的弧线时使用，如袖窿弧线、领围线等。

| 直尺 | 多功能曲线尺 | 袖窿尺 |
| 图1-4 | 图1-5 | 图1-6 |

（4）大头针

大头针（图1-7）是在人台上帮助固定的不锈钢针，充当缝纫针和线的作用。细而尖的大头针摩擦力小，易于针刺为首选。塑料珠头的大头针虽然细而尖，但由于头部较大，颜色各异，会影响操作者的视线，一般不宜使用。

（5）针插

针插（图1-8）又称针包，是插别大头针的一种工具，在进行立体裁剪时，一般戴在左手手腕上，方便大头针的随时取放。

（6）裁剪剪刀

立体裁剪的剪刀（图1-9）有不同型号，立体裁剪时一般采用9~12号剪刀，进行布料的裁剪。

（7）笔

铅笔（图1-10）用来在坯布上画线、标点及描绘样板。

记号笔[消失记号笔（图1-11）/画粉（图1-12）]用于在立体裁剪时作标记或在布料上画线。

（8）滚轮

滚轮（图1-13）主要是在将布料转变成纸样时拷贝使用。

（9）其他工具

烫台、裁剪台、手缝针（图1-14）、橡皮、锥子（图1-15）等。

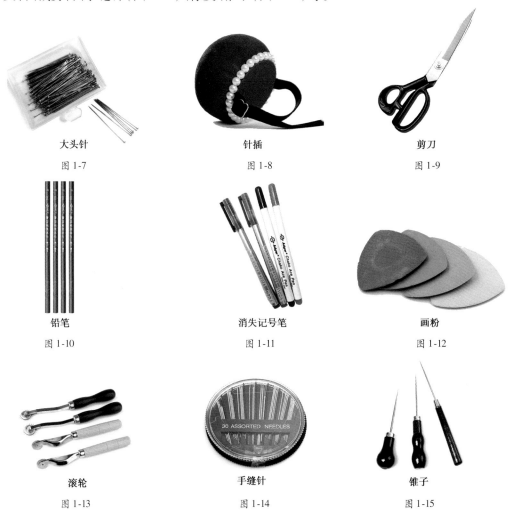

大头针　　　　　　　　　针插　　　　　　　　　剪刀

图1-7　　　　　　　　　图1-8　　　　　　　　　图1-9

铅笔　　　　　　　　消失记号笔　　　　　　　画粉

图1-10　　　　　　　　图1-11　　　　　　　　图1-12

滚轮　　　　　　　　手缝针　　　　　　　　锥子

图1-13　　　　　　　　图1-14　　　　　　　　图1-15

2. 常用材料

（1）布料

考虑成本问题，一般选用白坯布（图1-16），为适应实际需要可选择不同厚度的布料。坯布一般是经向、纬向比较稳定的平纹棉布,立体裁剪要求布料必须丝缕归正,不允许错位、斜拉,若出现丝缕不正则应撕边处理,用烫斗归正之后方可使用。

（2）标记带

标记带(图1-17)用于标记人台重要结构部位或款式造型线,一般选用醒目的颜色,与人台底色有明显区别,宽度为0.3～0.5 cm。

（3）绘图纸

绘图纸(图1-18)一般采用全开的牛皮纸,有时也使用白纸或硫酸纸。

（4）棉线

棉线(图1-19)用于假缝试穿、缩缝等。

（5）垫肩

垫肩(图1-20)是为了使服装的外形轮廓符合人体特征,用于人体肩部修正的一种材料。它有各种形状和不同厚度,可根据不同款式需要进行选择。

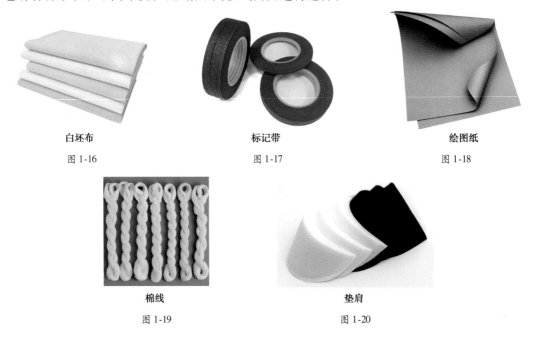

白坯布

图1-16

标记带

图1-17

绘图纸

图1-18

棉线

图1-19

垫肩

图1-20

二、立体裁剪基本操作步骤

1. 款式分析

①确定立体裁剪对应的款式图(或效果图)。

②对于设计师给予的效果图、设计说明和各种元素进行分析,然后再确定比例关系。

③将分析的结果以文字形式描述出来。

2. 人台准备

粘贴标记带:用标记带在人台上标出裁剪造型线(如叠门线、省道、分割、下摆、领线、袖窿等)。

3. 布料准备

①依据款式量取每片衣片的用料。所用的布料在断料时均应用手撕开，然后理顺布料的纱向，并且烫平。

②按要求取布后，用铅笔画出各片需要的基础线（前后中心线、胸围线、臀围线……）。

4. 立体裁剪

以坯布为材料，根据各片对应的基础线将其放置在人台上，运用各种工具在人台上将前片、后片逐一别样。按照款式图完成服装的基本造型设计。

5. 取样整理

①用铅笔、记号笔等进行造型结构的标点、作线，记录服装的基本造型。

②将布样从人台上取下，置于平台上，用熨斗熨平，用打版尺重新描顺领圈、袖窿弧线以及侧缝、肩缝等，检查相关结构是否合理。

6. 拓版

①用硫酸纸将整理后的坯布进行拓样，并做好相应的对位标记与符号，规范结构线条的使用。

②用纸样裁剪面料，最终将所有裁片进行缝纫组合，制作成型。

三、人台的认识及准备

服装立体裁剪中的人台（图1-21）是真实人体的复制品，它是静态的服装载体，通常安装在高低可调的活动架子上，内部材料坚固，表面有弹性，容易插入大头针，左右两边完全对称。人台有各种标准号型及样式，以对应不同的人群。

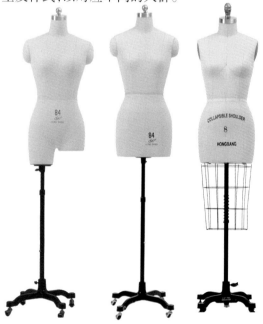

图 1-21

1. 人台标记线的作用

标记线是在人台上重要部位或结构线上设置的标志线,主要是为了确保立体裁剪造型准确而设置的。立体裁剪过程中很少用尺测量,如何准确把握由凹凸不平的曲面组成的人体的尺寸呢? 单凭眼睛去观察或凭经验处理都会影响裁片丝缕的准确性。人台上的标记线就像一种立体的"尺",帮助我们在三维空间造型中把握人体模型结构转折的变化以及布料丝缕的走向,对于确定服装各部位的比例关系、服装款式的分割设计发挥着至关重要的作用。

2. 标记人台标记线的方法

标记前先将人台放在与地面保持水平的地方,使人台不倾斜、不晃动。人台肩部的高度与人的眼睛平齐为宜。再选择与人台色彩反差较大的色带或单面胶带进行标记,例如,白色的人台用黑色或红色色带,黑色人台用白色色带等。标记时还可以借助一些辅助工具,如水平仪、小铅锤或重物、丁字尺等。

3. 人台标记线的部位

(1)人台的基准点(图 1-22)

● 颈窝点:人台前正中心颈、胸的交点,是确定前领围线的基准点。

● 颈椎点:人台后正中心颈椎的最高点,是确定后领围线的基准点。

● 颈肩点:位于人台颈部侧中央与肩部中央的交界处,是测量服装前衣长的起始点及服装颈肩点定位的参考依据。

● 肩端点:肩部最外端突起点,是测量肩宽的基准点,也是确定袖子袖山的重要部位。

● 胸高点:人台胸部最高的部位,是女装前衣身收省、褶裥的参照点。

● 后腰中心点:由后颈椎点开始,沿着后中心线量出背长尺寸从而确定位置,也是人台腰部最细处后中心位置。

● 前腰中心点:由后腰中心点水平向前测量出,是人台腰部最细处前中心位置,通常位于人体肚脐处。

● 腰侧点:位于人台前后腰部正中心,是人台确定侧缝线的基准点。

● 臀高点:位于人台后臀左右两侧最高处,是确定臀围线、臀腰省省尖位置的基准点。

(2)人台的基准线(图 1-23)

基准线的标记部位有横向标记线、纵向标记线、弧向标记线等。

纵向标记线包括前中心线、后中心线、左侧缝线、右侧缝线、前公主线两条、后公主线两条,共 8 条标记线。

横向标记线包括胸围线、腰围线、臀围线,共 3 条标记线。在设计裤装时,需增加膝围线。

弧向标记线包括颈根围线、左袖窿弧线、右袖窿弧线、左肩线、右肩线,共 5 条标记线。

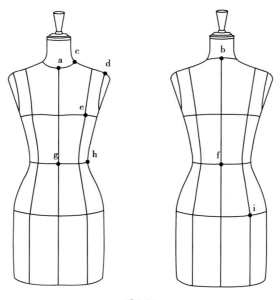

图 1-22

a—颈窝点；b—颈椎点；c—颈肩点；d—肩端点；e—胸高点；

f—后腰中心点；g—前腰中心点；h—腰侧点；i—臀高点

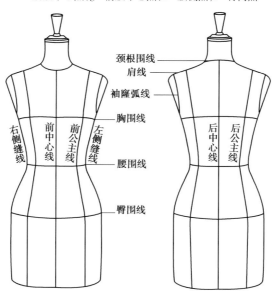

图 1-23

　　人台基准线的标记顺序一般依次为：前中心线、后中心线、胸围线、腰围线、臀围线、颈根围线、肩线、侧缝线、前后公主线等。

　　前中心线（图 1-24）：自颈窝点固定标记带的一端，另一端系一重锤下垂地面，不偏斜后，标记线固定在人体模型前中心线表面。

　　后中心线（图 1-25）：自颈椎点向下，标记方法同前中心线。当前、后中心线标记后，要用软尺测胸、腰及臀部的左右间距是否相等，若有偏差应调整到相等为止。

　　胸围线（图 1-26）：在胸部最高位置，水平围量标记一圈。

前中心线

图 1-24

后中心线

图 1-25

胸围线

图 1-26

腰围线(图 1-27):在腰部最细处围量一圈,与地面、胸围线保持平行。

臀围线(图 1-28):在臀部最丰满部位围量一圈,距腰线 17 ~ 19 cm,与地面保持平行。

颈根围线(图 1-29):环绕人台颈根处的基准线,约 38 cm,经颈窝点、颈椎点、左右颈肩点标记成圆顺曲线。

腰围线

图 1-27

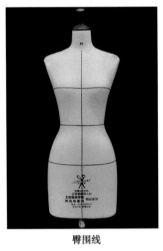

臀围线

图 1-28

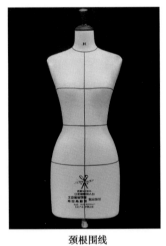

颈根围线

图 1-29

肩线、侧缝线(图 1-30):在颈部厚度中心点略偏后,先确定颈肩点,再以肩部厚度中心点确定肩端点,颈肩点到肩端点间连接标记肩线。通过臂根截面中点向下将模型的侧面均分为两部分,标示侧缝基准线。

前公主线(图 1-31):自前小肩宽的中点,经胸高点向下做优美的曲线,要保持其自然均衡的线条。

后公主线(图 1-32):自小肩宽中点,经肩胛骨向下自然标记基准线。

袖窿线:用标记带过肩端点作出肩线的前后垂直线,然后沿人台臂根形状过前、后腋点贴出袖窿线。需要注意的是,前袖窿线底部的曲线弯曲度大于后袖窿线底部的曲线弯曲度。

整体调整（图1-33）：基准线全部标记后要从正、侧、背面进行整体观察，调整不理想的部位，保证左右对称，直至满意为止。

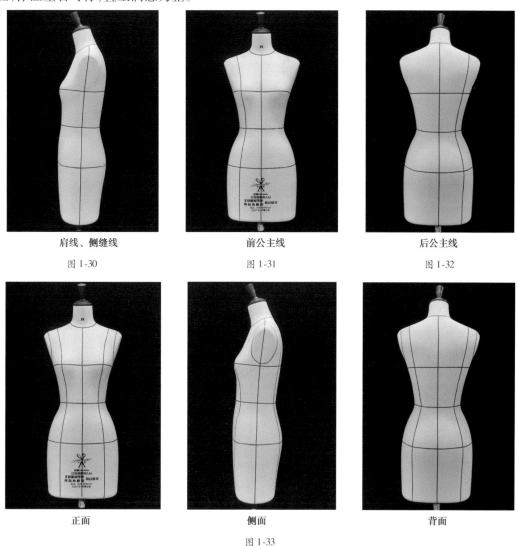

肩线、侧缝线

图 1-30

前公主线

图 1-31

后公主线

图 1-32

正面

侧面

背面

图 1-33

四、坯布的整理

布料在织造、染整的过程中，常常会出现布边过紧、纬斜、拉延等现象，导致布料丝缕歪斜、错位。用这样的布料做出的衣服会出现形态畸变，这是立体裁剪的大忌。因此，需要进行布纹整理。

坯布布纹（图1-34）主要有横纱和直纱两种。横纱又称纬纱，是垂直于布边的纱线；而直纱又称经纱，是平行于布边的纱线。

1. 处理布边

布料的边缘通常都过紧、过硬，为保证布料经纬纱向正常，立裁操作前要将布边撕掉1～2 cm（图1-35）。

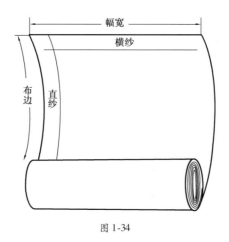

图 1-34

2. 矫正布纹

拉直：用干烫法将布料折印烫平，观察四边是否顺直，如果经纬纱向有歪斜，可使用熨斗对布料进行推拉、定型，直至纵横丝缕顺直（图 1-36）。

推平：将布料沿经纬纱向对折，两角分别对齐，如果布料中间出现褶，需用熨斗反向推，直至褶消失。

3. 检查整理

用直尺画上相交的垂直线和水平线，然后对合面料的经纬丝缕，当它们各自吻合直线且相互垂直时便说明布纹整理成功（图 1-37）。

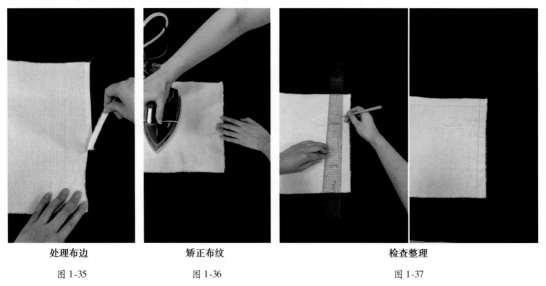

处理布边	矫正布纹	检查整理
图 1-35	图 1-36	图 1-37

五、大头针别法

大头针用针应该疏密得当，直线部位用针间隔较大（5～6 cm），弧线部位用针间隔稍小（3 cm 左右）。此外，还需要根据部位和造型的不同，选择合适的别针方法。

1. 固定针法

（1）单针固定法

单针固定法是固定前后中线、肩线和人台上临时固定坯布的常用针法（图1-38）。固定形式是在一个固定点用单根针将坯布固定到人台上，要注意使大头针的插针方向与坯布的受力方向相反，否则容易滑落。

（2）双针固定法

双针固定法又称八字对别针法，是指在同一固定点上用两根针从相反方向插入人台（图1-39）。此种针法固定的坯布不会随意松动。

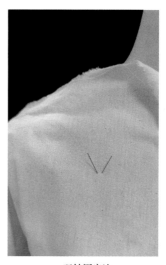

单针固定法　　　　　　　　　　　　双针固定法

图 1-38　　　　　　　　　　　　　　　图 1-39

2. 别合方法

（1）折别法

扣折上片坯布，放在另一片坯布上，沿上层止口用针将上、中、下三层布别合固定在一起，可以从斜向（30°）或横向（90°）别针，一般针距为 3 ~ 5 cm。折痕处就是坯样的净缝线，直线的针距可以大一些，曲线和弧线的针距要小一些（图1-40）。

（2）藏针法

针从坯布的折痕缝插入，并挑住下层的坯布，然后针尖上挑，再回到第一层的折痕线处，针尖不露出布面（图1-41）。这种针法多用于安装袖子。

（3）叠别法

上层坯布的拼缝处不折叠，将两块坯布的布边搭叠在一起，在重叠处用针挑住重叠的两层或多层布料固定（图1-42）。叠别法在立体裁剪过程中经常用于坯布的拼接。

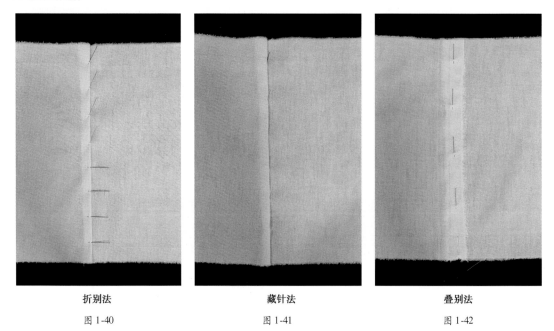

折别法   藏针法   叠别法

图 1-40   图 1-41   图 1-42

作业

1. 立体裁剪与平面裁剪的区别有哪些?

2. 布纹整理与立体造型有什么关系?

3. 实践练习各种立体裁剪的针法。

半身裙(Skirt)是指所有穿着在腰部以下的单独的裙装样式,包括西服直裙、A字裙、大摆裙、蛋糕裙、节裙、铅笔裙等。半身裙是十分多变且百搭的,搭配不一样的上衣就能穿出不一样的风情。半身裙不仅能满足职场的知性优雅装扮,还能满足约会的甜美可爱装扮。

[知识目标]
- 了解半身裙的概念与种类;
- 掌握A字裙的立体裁剪方法;
- 掌握半身裙变化款的立体裁剪方法;
- 理解半身裙变化的规律。

[技能目标]
- 能进行A字裙的立体裁剪;
- 能进行半身字裙变化款的立体裁剪。

[素养目标]
- 培养规范安全操作与节约材料的意识。

>>>>>>>>任务一
　　A 字裙的立体裁剪

一、款式分析

　　A 字短裙,从臀围至下摆逐渐放大呈 A 字形,前后片左右各一个省,装腰,后中装无缝拉链(图 2-1)。

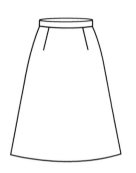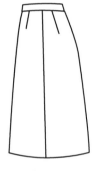

图 2-1

成品规格表见表 2-1。

表 2-1　　　　　　　　　　　　　　　　　　单位:cm

部位	L(裙长)	W(腰围)	H(臀围)
规格	48	68	92

二、人台准备

　　在已经完善了基本标记线的人台上,根据款式贴出前后省道线,前省长约 10 cm,后省长约 12 cm,位置在公主线上即可(图 2-2)。

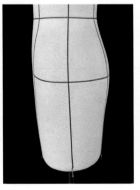

图 2-2

三、布料准备

1. 白坯布的用量准备

（1）前后片的取布

布料经向的计算：按裙长加 15 cm 为布料的长度。

布料纬向的计算：根据裙摆的大小，按 1/4 臀围加 5~15 cm 为前后片布料的宽度。

（2）裙腰的立裁取布

布料经向的计算：1/2 腰围加 5 cm 为布料的长度。

布料纬向的计算：腰宽乘以 2 加 2 cm 即可。

2. 布料基础线的画法

①按要求取布后，进行纱向整理，并熨烫归正。

②用铅笔画出基础线（图 2-3）。

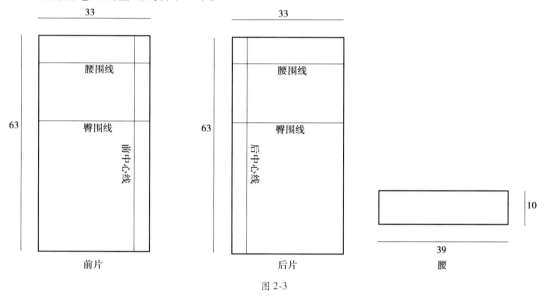

图 2-3

四、立裁操作

1. 前片

①取前片的坯布，将坯布的基础线与人台上的基础线对齐，用八字对别针法将腰围线、臀围线上的前中心线固定在人台上（图 2-4）。

②在臀围线上从前中心线到侧缝线，用手抚顺布料并把握好此处的空间量（以布料不紧绷、略合体为宜）（图 2-5），在侧缝处用单针固定法固定。

③按人台上的前片省位贴线捏出前大片腰省，并用大头针固定好，修剪腰口多余布料（图 2-6）。

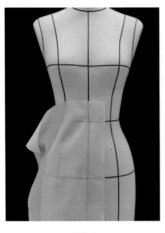
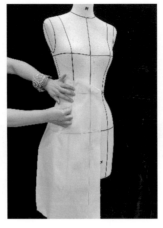
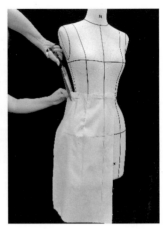

图 2-4　　　　　　　　　　图 2-5　　　　　　　　　　图 2-6

2.后片

①按前片的操作方法,将布料从水平状态用手抚平,再把握好臀围处的空间量,捏出后腰省(图 2-7)。

②将前后片在侧缝处对接,修剪过多的缝头布料,并用折别法将前后片别起来(图 2-8)。

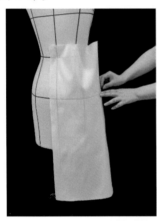

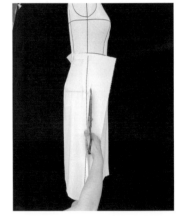

图 2-7　　　　　　　　　　　　　　　　　　图 2-8

3.底边与裙腰

①根据裙长位置,贴出裙底边标记线,剪去多余布料(图 2-9)。

②根据腰宽的数据,折转熨烫出成品裙腰,用大头针与裙身别合在一起(图 2-10)。

五、取样整理

①在白坯布上描点并进行线条画顺(图 2-11)。

②拓版。用硫酸纸将整理后的坯布进行拓样,并做好相应的对位标记与符号,规范结构线条的使用(图 2-12)。

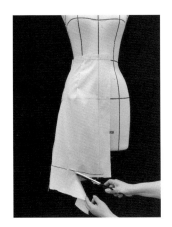

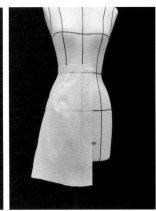

图 2-9 图 2-10

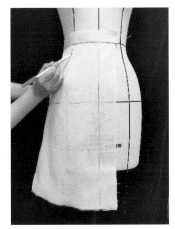
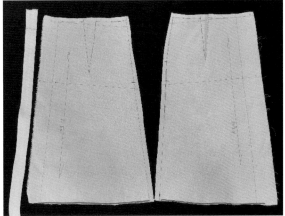

图 2-11

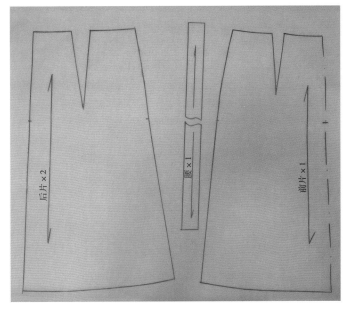

图 2-12

〉〉〉〉〉〉任务二
倒竹笋造型一步裙的立体裁剪

一、款式分析

　　膝上短裙,从腰围至臀围呈现倒竹笋双折裥造型,臀围以上较宽松(图2-13)。臀围至摆围较合体,裙身呈 V 字形,后片左右各一个省,装腰,后中装无缝拉链。

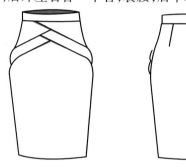

图 2-13

成品规格表见表 2-2。

表 2-2　　　　　　　　　　　　　　　　　　　　　　　　单位:cm

部位	L(裙长)	W(腰围)	H(臀围)
规格	55	68	94

二、人台准备

　　在已经完善了基本标记线的人台上,根据款式贴出前双折裥造型线与后省道线,前折裥造型在侧缝线与前中心线之间,注意造型线的美观流畅(图2-14)。后省长约 12 cm,此款背面与 A 字裙相同,此处省略。

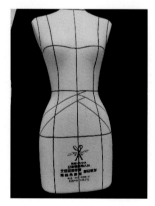

图 2-14

三、布料准备

1. 白坯布的用量准备

①前片的取布：

布料经向的计算：按裙长加 15 cm 为布料的长度。

布料纬向的计算：按 1/4 臀围加 25 cm 为布料的宽度。

②后片和裙腰的取布与 A 字裙相同，不再赘述。

2. 布料基础线的画法

①按要求取布后，进行纱向整理，并熨烫归正。

②用铅笔画出基础线（图 2-15）。

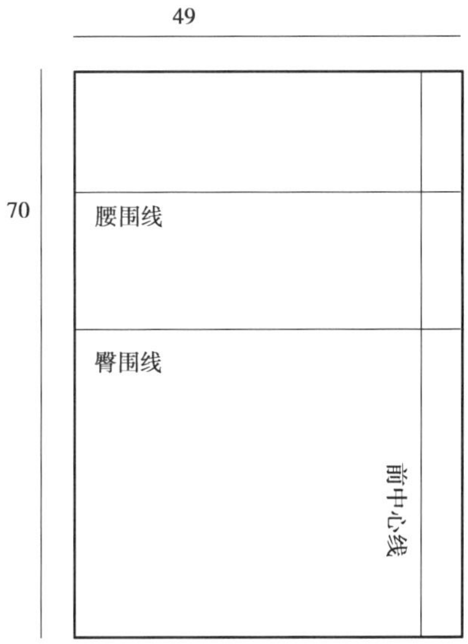

49

70

腰围线

臀围线

前中心线

图 2-15

四、立裁操作

①取前片的坯布，将坯布的基础线与人台上的基础线对齐，用八字对别针法将腰围线、臀围线上的前中心线固定在人台上（图 2-16）。

②理顺布料，在侧缝处由下向上剪去多余的布料，剪到臀围线（图 2-17）。

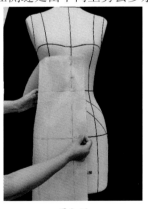

图 2-16

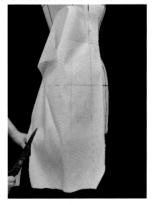

图 2-17

③在侧缝上,以臀围处为起点,将侧缝外侧布料顺势向前中方向拉量,可以适时地在侧缝处剪出眼刀,用手进行倒褶的造型处理,并不断进行调整以达到理想状态(图2-18)。

④在臀围线上从前中心线到侧缝线,用手抚顺布料并把握好此处的空间量,剪去摆围到臀围侧缝外多余的布料(图2-19)。

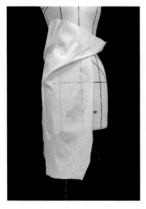
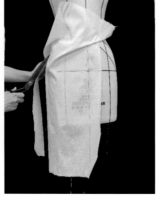

图2-18　　　　　　　　　　　　　　　图2-19

⑤在侧缝上,大约臀围与腰围的中点稍偏下处,用同样的方法完成第二个倒褶的操作,注意两个褶的位置不能太近,剪去腰围与侧缝多余的布料(图2-20)。

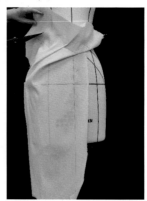

图2-20

⑥前片完成并进行描点(图2-21)。

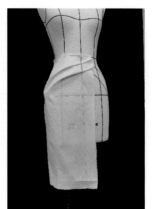

图2-21

⑦后片与裙腰的立裁方法与A字裙一样,在此不再赘述。注意:此款摆围较小,臀围线下的侧缝应呈逐渐往内收的状态。

五、取样整理

①可以用同样的方法完成整个前片的造型再取样(图2-22)。
②取样完成(图2-23)。

图2-22

图2-23

>>>>>>> 任务三
大摆裙的立体裁剪

一、款式分析

大摆围半身裙,装腰,无腰省,从腰部向下逐渐放大呈波浪状,侧缝装拉链(图2-24)。

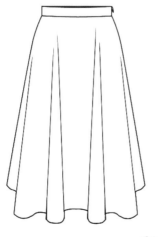

图2-24

成品规格表见表2-3。

表2-3　　　　　　　　单位：cm

部位	L（裙长）	W（腰围）
规格	75	68

二、人台准备

在人台上贴出前后片的波浪位置，前后各两个，分布在公主线左右即可（图2-25）。

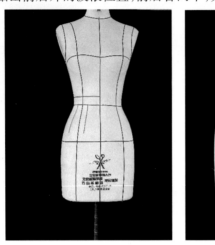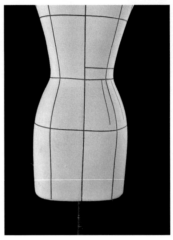

图 2-25

三、布料准备

1. 白坯布的用量准备

①前片的取布：

布料经向的计算：按裙长加 15 cm 为布料的长度。

布料纬向的计算：根据摆量的大小，以 1/4 臀围加一定的量来确定（本例取 70 cm）。

②后片的取布与前片相同，裙腰的取布与 A 字裙相同，不再赘述。

2. 布料基础线的画法

①按要求取布后，进行纱向整理，并熨烫归正。

②布料经纱方向向内 5 cm 左右定前后中心线，纬纱方向从布边向下 15 cm 定腰围线。用铅笔画出基础线（图2-26）。

四、立裁操作

1. 前片

①取前片坯布，在纵向上，将坯布的前中心线对齐人台前中心线，在横向上，将坯布与人台上的腰围线、臀围线对齐，用八字对别针法将前中心线固定（图2-27）。

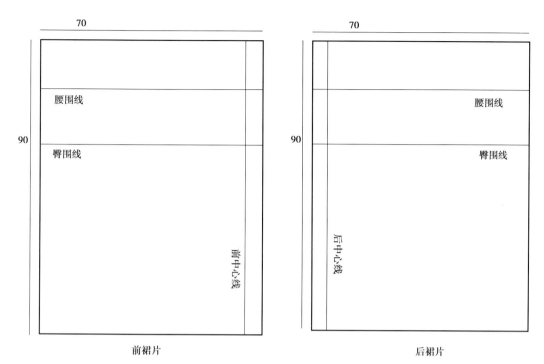

图 2-26

前裙片　　　　　　　　后裙片

②在腰节的第一个波浪位置处,直插立裁针固定在人台上(图2-28)。

③从前中心线开始修剪1 cm缝份,到波浪贴线处打斜向剪口,距立裁针3～4根纱(图2-29)。

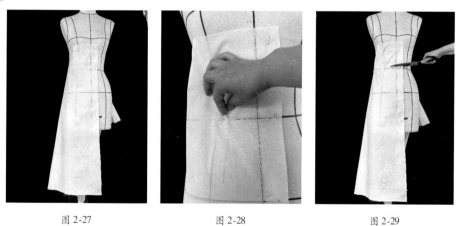

图 2-27　　　　　　　图 2-28　　　　　　　图 2-29

④再次观察剪口是否合理(图2-30)。

⑤自腰口将坯布往下放转,此时布料上的臀围线会发生倾斜,布料逐渐往侧缝方向下落(图2-31)。

⑥用手在臀围线标记处抓捏出第一个波浪的量,用大头针固定在人台臀围处,第一个波浪完成(图2-32)。

图 2-30　　　　　　　　图 2-31　　　　　　　　图 2-32

⑦制作第二个波浪的方法与第一个波浪一样,可适当调节两个波浪的大小(图 2-33)。

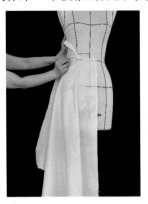

图 2-33

⑧修剪前腰口多余的布料,侧缝上用标记带标记出位置,并剪去多余的量,完成前片的基本造型(图 2-34)。

图 2-34

2. 后片

①与前片立裁的方法相同,操作时注意前后波浪量基本相等(图 2-35)。

图 2-35

②剪去后腰口多余的量,用标记带确定好后片的侧缝,对合前后片侧缝(图 2-36)。

图 2-36

3. 底边与裙腰

①确定好底边高度,用标记带标记出来,剪去多余的量(图 2-37)。

图 2-37

②把熨烫好的腰头别合在腰部(图 2-38)。

图 2-38

五、取样整理

①在已完成的白坯造型上描点并进行线条画顺(图 2-39)。

图 2-39

②拓版。用硫酸纸将整理后的坯布进行拓样,并做好相应的对位标记与符号,规范结构线条的使用(图 2-40)。

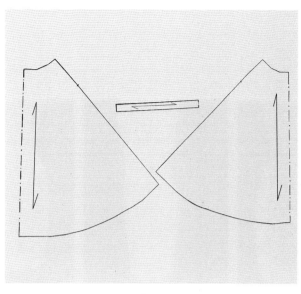

图 2-40

鱼尾裙的立体裁剪

一、款式分析

鱼尾摆短裙,由两部分组成,上半部分从臀围至膝围上 10 cm 处为合体半身裙结构,下半部分波浪摆放大形成鱼尾状,前后片左右各一个省,装腰,右侧缝装无缝拉链(图 2-41)。

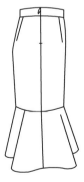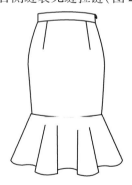

图 2-41

成品规格表见表 2-4。

表 2-4
单位:cm

部位	L(裙长)	W(腰围)	H(臀围)
规格	55	68	92

二、人台准备

与 A 字裙的人台准备相同。在已经完善了基本标记线的人台上，根据款式贴出前后省道，前省长约 10 cm，后省长约 12 cm，位置在公主线上即可（图 2-42）。

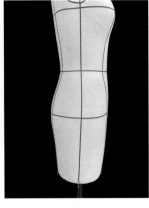

图 2-42

三、布料准备

1. 白坯布的用量准备

（1）前后片的取布

布料经向的计算：按上裙长加 15 cm 为布料的长度，即 35+15＝50 cm。

布料纬向的计算：根据裙摆的大小，按 1/4 臀围加 5～15 cm 为前后片布料的宽度。

（2）鱼尾片的取布

布料经向的计算：按鱼尾长加 15 cm 为布料的长度，即 20+15＝35 cm。

布料纬向的计算：按 1/4 摆围加 5～15 cm 为前后片布料的宽度。

裙腰的取布与 A 字裙相同。

2. 布料基础线的画法

①按要求取布后，进行纱向整理，并熨烫归正。

②用铅笔画出基础线（图 2-43）。

四、立裁操作

1. 鱼尾上部

上半部分前后片立裁操作方法与 A 字裙一样，注意此款较 A 字裙更为合体，所以在别合前后片臀围线下的侧缝时，需要尽量使布料与人台间的空间小（图 2-44）。

2. 鱼尾

①修剪出合适的裙子上半部分的长度，并在摆围处设计好波浪的位置，用标记带予以标识（图 2-45）。

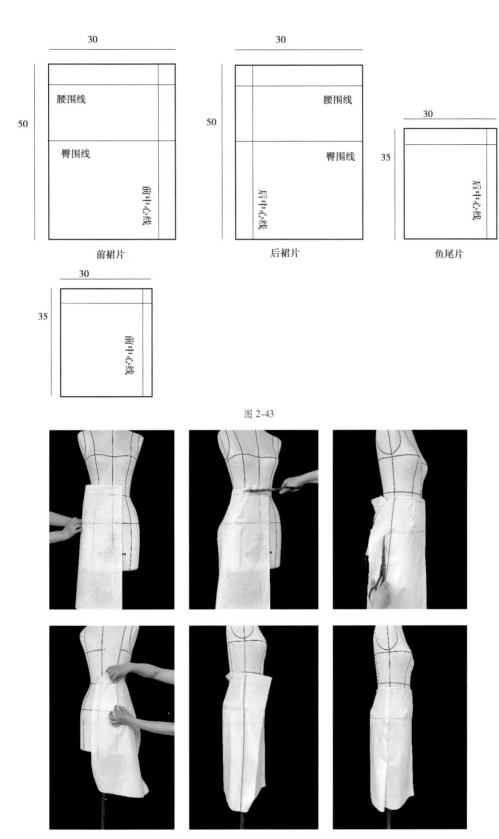

图 2-43

30	30	30
腰围线	腰围线	
臀围线	臀围线	
前中心线	后中心线	后中心线
前裙片	后裙片	鱼尾片

50

50

35

30

35

前中心线

前裙片

图 2-44

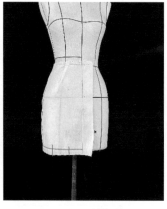

图 2-45

②鱼尾摆的立裁操作方法与大摆裙一样（图 2-46）。

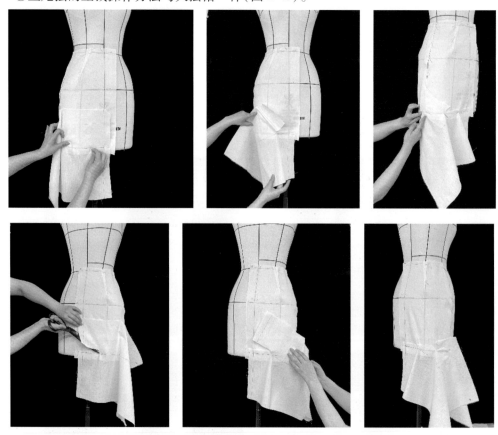

图 2-46

③调整并修剪去多余的鱼尾侧缝布料，并别合侧缝（图 2-47）。

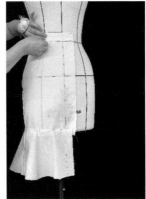

图 2-47

3. 裙腰

裙腰的立裁方法与 A 字裙相同,别上已经熨烫好的成品腰带(图 2-48)。

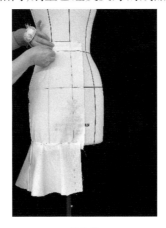

图 2-48

五、取样整理

①在已完成的白坯造型上描点并进行线条画顺(图 2-49)。

图 2-49

②拓版。用硫酸纸将整理后的坯布进行拓样,并做好相应的对位标记与符号,规范结构线条的使用(图2-50)。

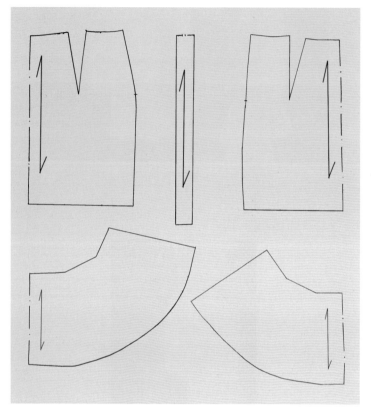

图 2-50

作业

1. 请完成如图2-51所示分割A字裙的立体裁剪,要求造型准确,裙身干净整洁,前后裙长平衡,臀围松量分配适度,底边不起吊,不外翻。

图 2-51

2. 请完成如图2-52所示斜褶半身裙的立体裁剪,要求造型准确,裙身干净整洁,前后裙长平衡,臀围松量分配适度,底边不起吊,不外翻。

图 2-52

3. 请完成如图 2-53 所示鱼尾裙的立体裁剪，要求造型准确，裙身干净整洁，底边不起吊，不外翻。

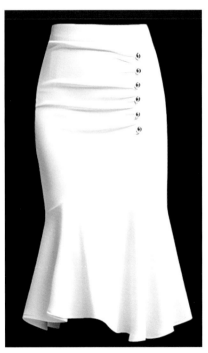

图 2-53

项目三

服装原型是指以人体尺寸为参考依据,加上适度松量制作出的服装结构基本型,是构成服装结构纸样的基础。

衣身原型的种类很多,大多是合体廓型,学习衣身原型的立体裁剪对学习者初步理解衣身平衡有着重要的意义。省道变化是服装造型设计变化的基础,也是学习者了解服装结构、建立服装立体空间概念的过程。通过省道不同部位的变化和组合,可以完成结构设计、分割和造型设计,学好省道的变化与设计可以为服装整体造型设计奠定良好的基础。

[知识目标]

- 了解衣身原型的构造原理;
- 掌握衣身原型的立体裁剪方法;
- 掌握原型省道变化的立体裁剪方法;
- 理解省道变化的原理。

[技能目标]

- 能进行衣身原型的立体裁剪;
- 能进行原型省道变化的立体裁剪。

[素养目标]

- 培养规范安全操作与节约材料的意识;
- 传承工匠精神,明确作为服装行业从业者的责任感和使命感。

箱式衣身原型的立体裁剪

一、款式分析

　　衣片原型合体,长至腰节;前片作胸省(袖窿省)、左右各收一个腰省;后片收肩胛省,左右各收一个腰省(图3-1)。

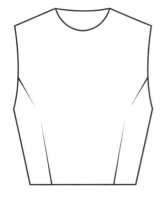
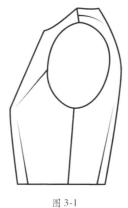
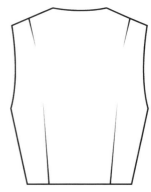

图 3-1

二、人台准备

　　在已经完成基础标记线的人台上贴出袖窿省、腰省和肩胛省(图3-2)。

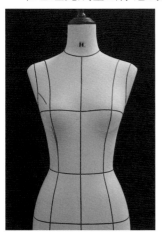
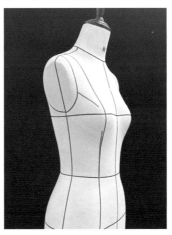

图 3-2

三、布料准备

1. 白坯布的用量准备

布料经向的计算:从贴好线的人台上量前腰节的长度,上下各加 5 cm 的余量作为裁取坯布的长度。

布料纬向的计算:前片布料的宽度为 1/4 胸围加 10 cm,后片布料的宽度为 1/4 胸围加 5 cm。

2. 布料基础线的画法

①按要求取布后,进行纱向整理,并熨烫归正。

②用铅笔画出基础线(图 3-3)。

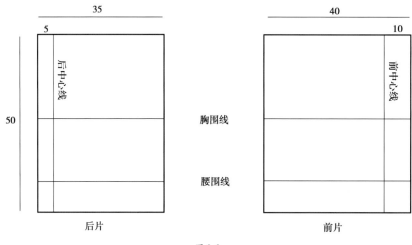

图 3-3

四、立裁操作

1. 前片立裁

①取前片坯布,将坯布的基础线与人台上的基础线对齐。在颈窝点、前腰节点上,用八字对别针法将前中心线固定在人台上(图 3-4)。

②在前领口中心处打剪口。用手抚平前胸上部的面料,使前领口平服,剪出前领圈并固定颈肩点,用手抚平至肩端点,修剪出前肩斜线(图 3-5)。

③从肩部向下,沿胸围线水平向侧缝处抚平并用针固定,将多余的量推向袖窿处,自后向前修剪前袖窿,打剪口并修剪 2 cm 缝份(图 3-6)。

④用手抚平前肩部面料,保持平服且适当松量,在袖窿前胸面与侧面转折处捏出(掐别)胸省(袖窿省),省量向下倒并别合省缝(图 3-7)。

⑤捏出胸省(袖窿省)后,保持各部位平服,前中心线对齐,侧缝位置坯布没有拉纹,固定一针在侧缝的腰节上。在前胸腰处捏出(掐别)前腰省,前腰省中心线与腰围水平线垂直,适当松量,省量向前中线倒并别合省缝(图 3-8)。

⑥修剪前侧缝 2 cm 缝份。将前侧缝缝份反折向前片固定,便于后片操作(图 3-9)。

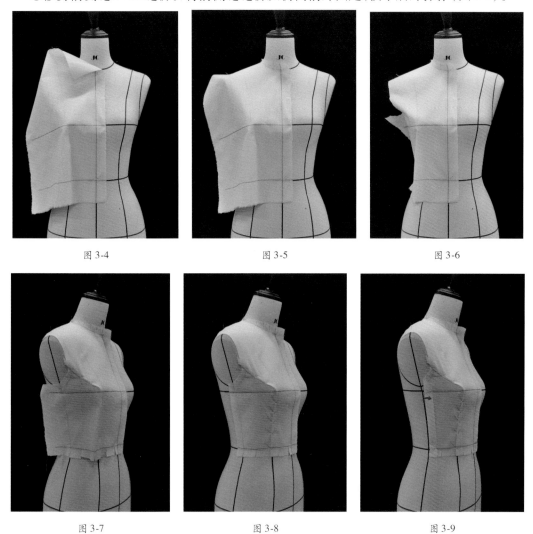

图 3-4　　　　　　　　图 3-5　　　　　　　　图 3-6

图 3-7　　　　　　　　图 3-8　　　　　　　　图 3-9

2. 后片立裁

①取后片坯布,将坯布的基础线与人台上的基础线对齐,在后颈椎点和后腰节点上,用八字对别针法将后中心线固定在人台上(图 3-10)。

②在后领口中心处打剪口。将坯布从后中心线向领围、肩部抚平,固定颈肩点。沿领口弧线打少许剪口,使后领口弧线平服,修剪 2 cm 缝份(图 3-11)。

③从后衣身的肩胛处找准横丝缕,顺推至背宽处,再垂直向上推至肩端点并固定,将肩缝线上的余量捏出(掐别)肩胛省,省量倒向后中线,保持平服且适当松量,修剪 2 cm 缝份。再将后肩线压前肩线用大头针别合在一起(图 3-12)。

④用手抚平后背部面料,约以肩胛骨纵垂线为准向侧缝处折转布料,布料胸围线与前片胸围线对齐,大致修剪出后袖窿 2 cm 缝份(图 3-13)。

⑤适当调整布料,保持各部位平服,后中心线对齐,侧缝位置坯布没有拉纹,用针固定侧

缝腰节,在后公主线位置捏出(掐别)后腰省,省量倒向后中线,后腰省中心线与腰围水平线垂直,腰部留出适当松量,以能放下一个手指并自由移动为宜(图3-14)。

⑥修剪后侧缝缝份2 cm,调整前后片整体造型,后侧缝缝头折转并盖住前侧缝缝头后别针(图3-15)。

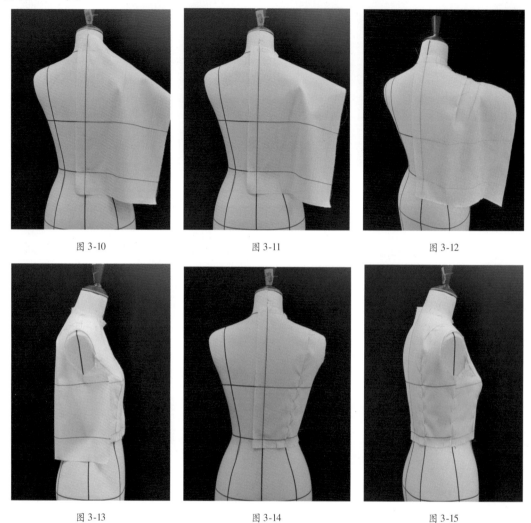

图 3-10　　　　　　　　　　图 3-11　　　　　　　　　　图 3-12

图 3-13　　　　　　　　　　图 3-14　　　　　　　　　　图 3-15

五、取样整理

①在省位上描线,各部位贴线,点影作标记(图3-16)。

②从人台上取下前后坯布,调整侧缝线,画顺领口弧线、袖窿弧线、腰口线等(图3-17)。

③用硫酸纸将整理后的坯布进行拓样,并做好相应的对位标记与符号,规范结构线条的使用(图3-18)。

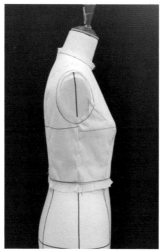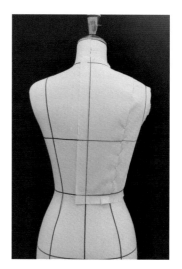

图 3-16

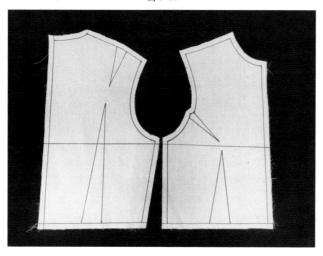

图 3-17

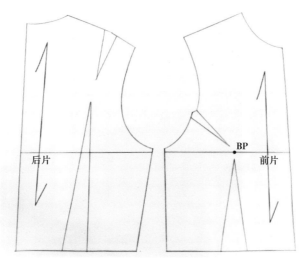

后片   **BP**   前片

图 3-18

项目三 衣身原型的立体裁剪   *41*

服装原型省道变化是指原型中的袖窿省、腰省可以围绕胸高点（BP 点）转移变化到衣片上的任何其他位置，同时变化后不会影响服装的尺寸、合体性及穿着效果。省道的转移变化可以是单个省转移，也可以是多个省转移，还可以将省转化为褶或其他造型。

〉〉〉〉〉〉〉〉任务二
肩腰省款式的立体裁剪

一、款式分析

衣片原型合体，长至腰节；前片作肩省、左右各收一个腰省（图 3-19）；后片与基础原型相同，不再赘述。

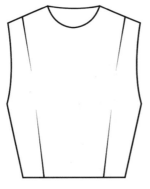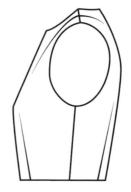

图 3-19

二、人台准备

在已经完善了基本标记线的人台上，贴好造型标记线（图 3-20）。

图 3-20

三、布料准备

1. 白坯布的用量准备

布料经向的计算:从贴好线的人台上量取前腰节的长度,上下各加 5 cm 的余量作为裁取坯布的长度。

布料纬向的计算:人台 1/4 胸围加 10 cm 为布料的宽度。

2. 布料基础线的画法

①按要求取布后,进行纱向整理,并熨烫归正。

②用铅笔画出基础线(图 3-21)。

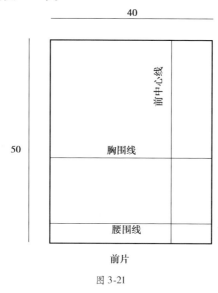

图 3-21

四、立裁操作

①取前片坯布,将坯布的基础线与人台上的基础线对齐,用八字对别针法将前中心线固定在人台上(图 3-22)。

②保持人台胸围线与布料胸围线重合,单针斜插固定胸高点,在胸高点处掐取 0.5 cm 横向松量,在腋下胸围点单针固定(图 3-23)。

③在前领口中心处打剪口。用手抚平前胸上部面料,使前领口平服,剪出前领圈并固定颈肩点(图 3-24)。

④在侧缝处,将坯布胸围线固定在人台上,顺势向上将胸围线上余量推至肩部,袖窿前腋部位留 1 cm 松量,固定肩端点。在肩部捏出(掐别)肩省,肩线位不需要留松量,省量倒向领圈,修剪前肩斜线缝份(图 3-25、图 3-26)。

⑤固定一针在侧缝的腰节上,修剪出侧缝缝头。在前胸腰处捏出(掐别)前腰省,前腰省中心线与腰围水平线垂直,适当松量,省量向前中线倒并别合省缝(图 3-27)。

⑥后片立裁与前一款式相同,不再赘述。

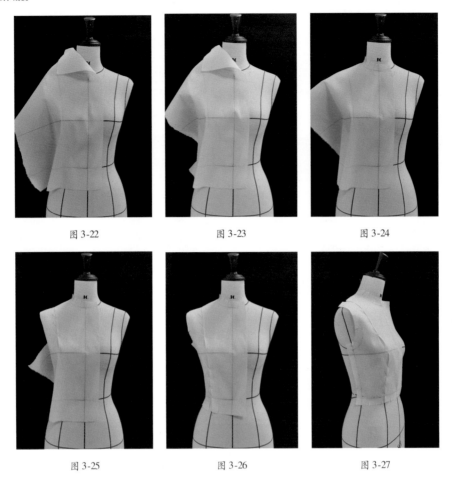

图 3-22 　　　　　　　 图 3-23 　　　　　　　 图 3-24

图 3-25 　　　　　　　 图 3-26 　　　　　　　 图 3-27

五、取样整理

①在人台上描线（图 3-28）。

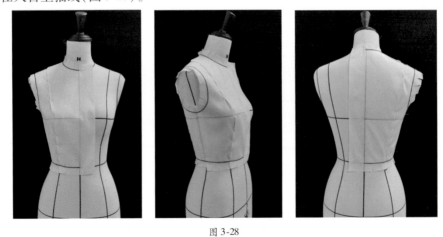

图 3-28

②调整对位（图3-29）。

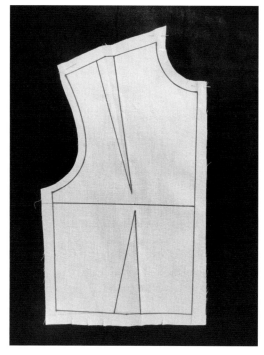

图 3-29

③用硫酸纸将整理后的坯布进行拓样，并做好相应的对位标记与符号，规范结构线条的使用（图3-30）。

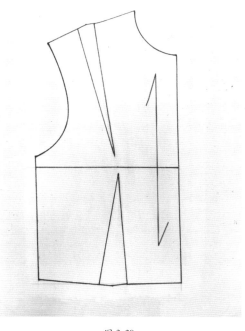

图 3-30

>>>>>>>>>>任务三
　　　　　　前中省款式的立体裁剪

一、款式分析

　　衣片原型合体,长至腰节;前中心线处收横向胸省,胸围线下纵向裁断,整体形成 T 字形省(图 3-31)。

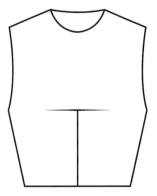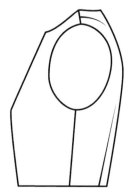

图 3-31

二、人台准备

　　在已经完善了基本标记线的人台上贴好造型标记线(图 3-32)。

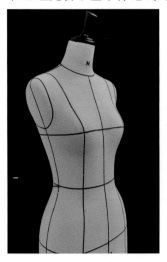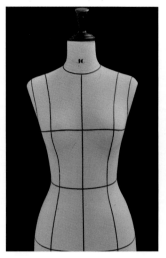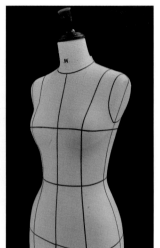

图 3-32

三、布料准备

1. 白坯布的用量准备

布料经向的计算：从贴好线的人台上量取前腰节的长度，上下各加 5 cm 的余量作为裁取坯布的长度。

布料纬向的计算：人台 1/2 胸围加 15 cm 为布料的宽度。

2. 布料基础线的画法

①按要求取布后，进行纱向整理，并熨烫归正。

②用铅笔画出基础线（图 3-33）。

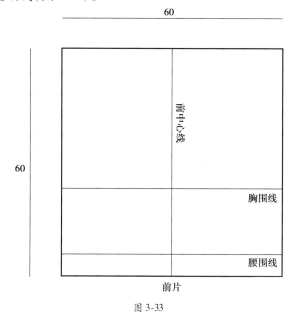

图 3-33

四、立裁操作

①取前片坯布，将坯布的基础线与人台上的基础线对齐，用八字对别针法将前中心线固定在人台上，两 BP 点分别用单针固定（图 3-34）。

②在前领口中心处打剪口。用手抚平前胸上部面料，使前领口平服，剪出前领圈并固定颈肩点（图 3-35）。

③顺势固定肩端点，向袖窿抹顺布料固定侧缝上端，剪去肩斜线与袖窿的多余布料，沿侧缝向下，在侧腰节处固定布料，修剪缝头（图 3-36）。

④剪开胸围线下的前中心线，继续沿两边横省剪开（图 3-37）。

⑤在前腰围线上向前中心捋顺布料，公主线处掐留松量，腰围线以下打斜剪口，使腰部服帖到前中心，顺前中心线向上到胸围线处推出造型横省。用针别合 T 字造型（图 3-38）。

⑥整体造型调整，注意左右对称，各部位贴线，点影作标记（图 3-38）。

⑦此款式可以做成右侧衣身后，用纸样对称的方法完成整件。胸围线上前中心线纱向保持直线。

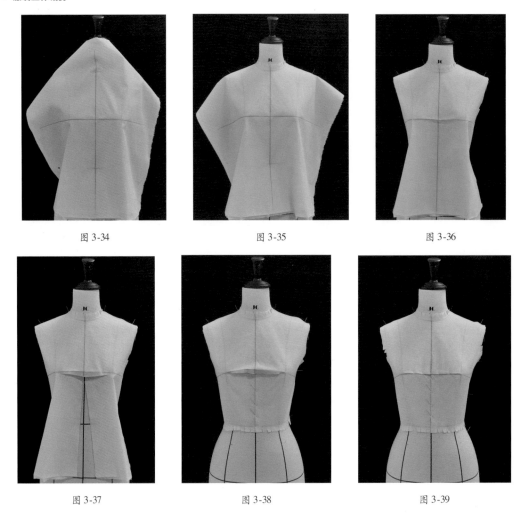

图 3-34　　　　　　　　　图 3-35　　　　　　　　　图 3-36

图 3-37　　　　　　　　　图 3-38　　　　　　　　　图 3-39

五、取样整理

①在人台上描线（图 3-40）。

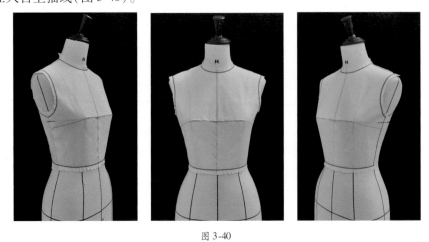

图 3-40

②调整对位(图 3-41)。

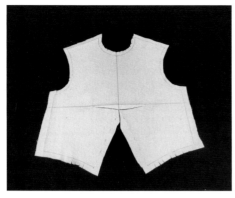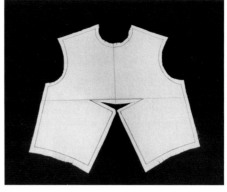

图 3-41

③用硫酸纸将整理后的坯布进行拓样,并做好相应的对位标记与符号,规范结构线条的使用(图 3-42)。

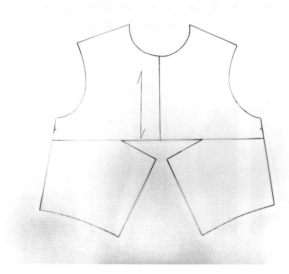

图 3-42

>>>>>>>任务四
肩部弧形褶裥款式的立体裁剪

一、款式分析

衣身合体,长至腰节;将原型的胸省、腰省转移至左肩线,形成指向胸部的弧形褶裥造型(图 3-43)。

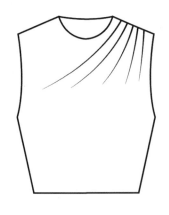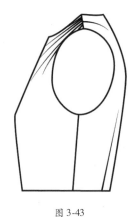

图 3-43

二、人台准备

在已经完善了基本标记线的人台上的肩部位置贴好造型标记线（图 3-44）。

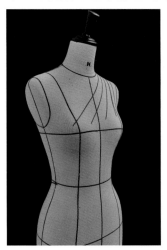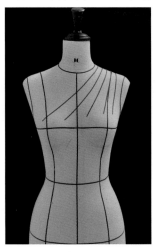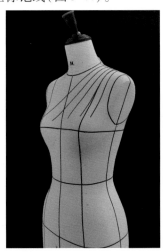

图 3-44

三、布料准备

1. 白坯布的用量准备

布料经向的计算：从贴好线的人台上量取前腰节的长度，上下各加 5 cm 的余量作为裁取坯布的长度。

布料纬向的计算：人台 1/2 胸围加 15 cm 左右为布料的宽度。

2. 布料基础线的画法

①按要求取布后，进行纱向整理，并熨烫归正。

②用铅笔画出基础线（图 3-45）。

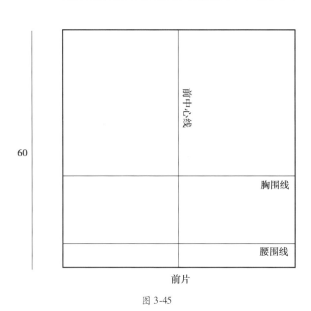

60

60

前中心线

胸围线

腰围线

前片

图 3-45

四、立裁操作

①取前片坯布,将坯布的基础线与人台上的基础线对齐,用八字对别针法将前中心线固定在人台上,两 BP 点分别用单针固定(图 3-46)。

②保持前中心处对齐状态,抚平前胸下部面料,并在前腰位保持平服且适当松量,用手抚平坯布推至胸围线上部,修剪缝份为 2 cm 左右,此时坯布胸围线在侧缝处向上倾斜(图 3-47、图 3-48)。

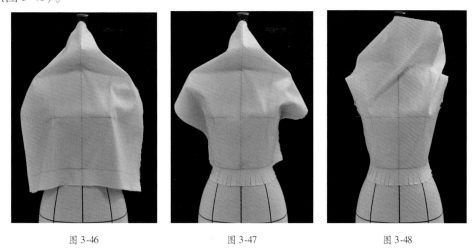

图 3-46   图 3-47   图 3-48

③保持平服且适当松量的同时,将胸围线以上的松量顺势推至左肩线处,按单肩褶裥的效果图位置调整堆积布料(图 3-49)。

④固定褶裥,调整间距,整理折边,使其分别指向胸高点与胸线前中心点,随后沿肩线分别固定各裥,修剪缝份为 2 cm 左右(图 3-50)。

⑤前片整体造型调整，各部位贴线、点影作标记（图3-51）。

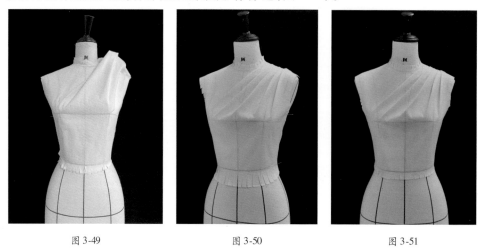

图 3-49　　　　　　　　　图 3-50　　　　　　　　　图 3-51

五、取样整理

①在人台上描线（图3-52）。

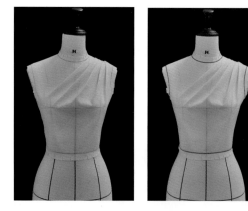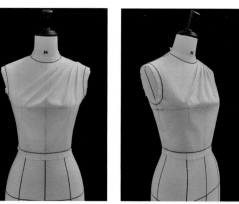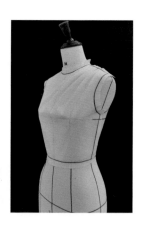

图 3-52

②调整对位（图3-53）。

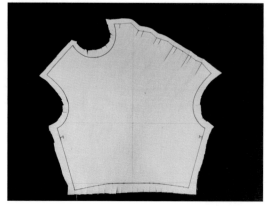

图 3-53

③用硫酸纸将整理后的坯布进行拓样,并做好相应的对位标记与符号,规范结构线条的使用(图3-54)。

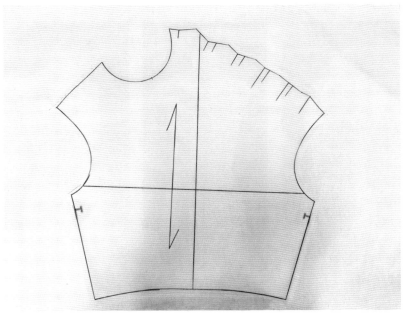

图 3-54

不对称省道款式的立体裁剪

一、款式分析

衣身合体,长至腰节;将原型的胸省、腰省转移至左右两侧呈不对称分布,左侧省量转移到右侧缝处,右侧省量转移到左袖窿处(图3-55)。

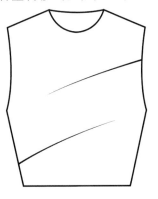 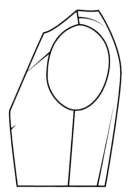

图 3-55

二、人台准备

在已经完善了基本标记线的人台上,贴好袖窿长省与侧缝长省造型标记(图 3-56)。

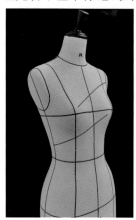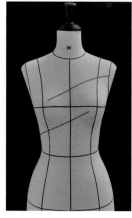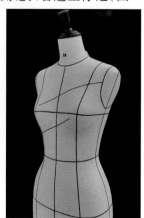

图 3-56

三、布料准备

1. 白坯布的用量准备

布料经向的计算:从贴好线的人台上量取最长裁片的长度,上下各加 5 cm 的余量作为裁取坯布的长度。

布料纬向的计算:人台 1/2 胸围加 15 cm 左右为布料的宽度。

2. 布料基础线的画法

①按要求取布后,进行纱向整理,并熨烫归正。

②用铅笔画出基础线(图 3-57)。

60

60

前中心线

胸围线

腰围线

前片

图 3-57

四、立裁操作

①取前片坯布,将坯布的基础线与人台上的基础线对齐,用八字对别针法将前中心线固定在人台上(图 3-58)。

②保持前中心处对齐状态,剪开腰围线下的前中心线,从右腰围开始向右侧缝推布,沿右袖窿、右肩线、领圈、左肩线,最后到右袖窿,形成指向右 BP 点的左袖窿斜省。布料在推动过程中逐步剪去多余布料(图 3-59)。

③在左侧由上至下操作,抹顺左袖窿及侧缝,将左胸省转移至腰部,再到右侧缝,形成对向左 BP 点的右侧缝省。剪去多余布料(图 3-60)。

图 3-58   图 3-59   图 3-60

④观察胸部及腰部松量,调整前片整体造型,各部位贴线、点影作标记(图 3-61、图 3-62)。

图 3-61   图 3-62

五、取样整理

①在人台上描线（图3-63）。

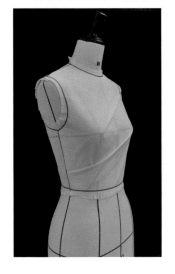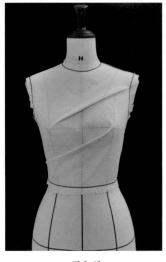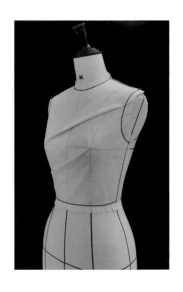

图 3-63

②调整对位（图3-64）。

图 3-64

③用硫酸纸将整理后的坯布进行拓样，并做好相应的对位标记与符号，规范结构线条的使用（图3-65）。

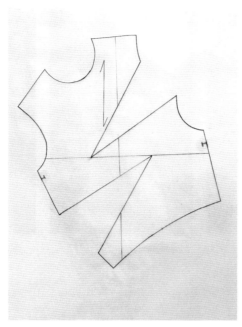

图 3-65

>>>>>任务六
    领口褶裥款式的立体裁剪

一、款式分析

衣身合体,长至腰节;将原型的胸省、腰省转移至领口,形成领口褶裥装饰效果(图 3-66)。

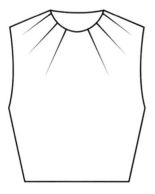
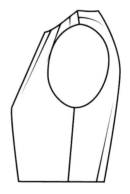

图 3-66

二、人台准备

在已经完善了基本标记线的人台上贴好造型标记线(图 3-67)。

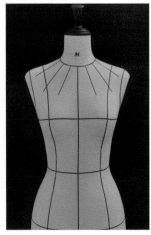

图 3-67

三、布料准备

1. 白坯布的用量准备

可将原型纸样按款式将胸省、腰省转移至领口,在基础纸样展开后,在坯布上放出足够的立体裁剪预留量,得到初裁坯布。

布料经向的计算:从贴好线的人台上量取最长裁片的长度,上下各加 5 cm 的余量作为裁取坯布的长度。

布料纬向的计算:人台 1/2 胸围加 10 cm 为布料的宽度。

2. 布料基础线的画法

①按要求取布后,进行纱向整理,并熨烫归正。

②用铅笔画出基础线(图 3-68)。

60

	前中心线
	胸围线
	腰围线

60

前片

图 3-68

四、立裁操作

①取前片坯布,将坯布的基础线与人台上的基础线对齐,用八字对别针法将前中心线固定在人台上(图3-69)。

②保持前中心处对齐状态,抚平右胸下部面料,并在前腰位保持平服且适当松量,用手抚平坯布推至胸围线上部,修剪缝份为3 cm左右,此时胸围线在侧缝处向上倾斜(图3-70)。

③保持平服且适当松量的同时,将胸围线以上的松量转移至右领口处,按领口褶裥的贴线位置效果图捏出褶裥,修剪3 cm左右缝份(图3-71)。左边的操作手法相同(3-72)。

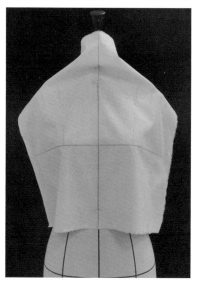

图 3-69

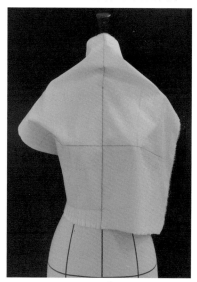

图 3-70

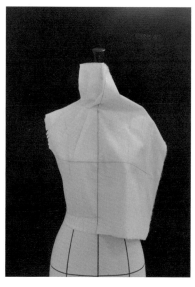

图 3-71

图 3-72

④固定右边褶裥,调整间距,整理折边,使其分别指向胸高点与胸线前中心点,随后沿肩线横别固定各裥,修剪缝份为 3 cm 左右(图 3-73)。

⑤左边褶裥调整并固定,修剪缝份为 3 cm 左右(图 3-74)。

⑥调整前片整体造型,各部位贴线、点影作标记(图 3-75)。

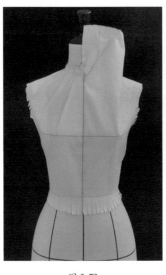 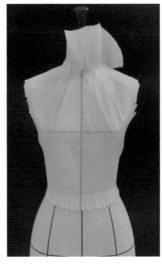 

图 3-73   图 3-74   图 3-75

此款式也可以先完成右半衣身,再用纸样对称的方法完成整件。

五、取样整理

①在人台上描线(图 3-76)。

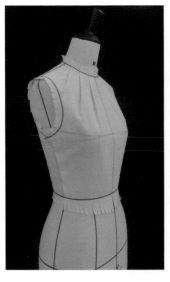  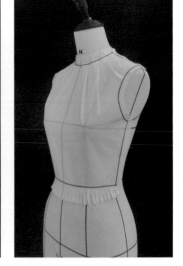

图 3-76

②调整对位（图 3-77）。

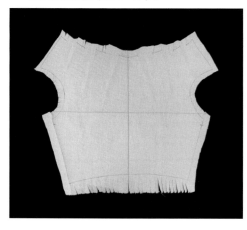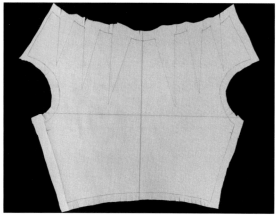

图 3-77

③用硫酸纸将整理后的坯布进行拓样，并做好相应的对位标记与符号，规范结构线条的使用（图 3-78）。

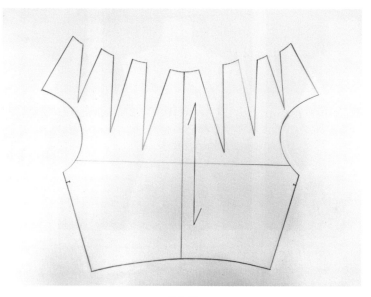

图 3-78

>>>>>> 任务七
中道友子圆形省款式的立体裁剪

一、款式分析

此款为中道友子经典省转移。衣身合体，长至腰节；将原型的胸省转移至肩线，在合体造型上做出圆形造型分割装饰（图 3-79）。

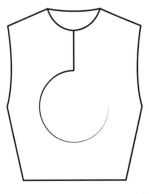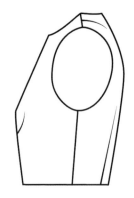

图 3-79

二、人台准备

在已经完善了基本标记线的人台上,贴好造型标记线(图 3-80)。

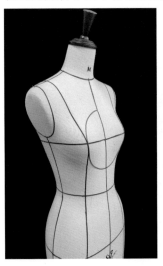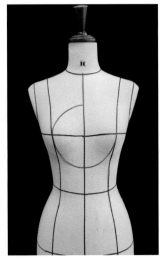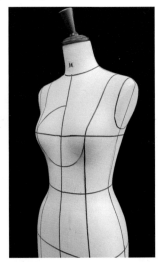

图 3-80

三、布料准备

1. 白坯布的用量准备

布料经向的计算:从贴好线的人台上量取最长裁片的长度,上下各加 5 cm 的余量作为裁取坯布的长度。

布料纬向的计算:人台 1/2 胸围加 15 cm 左右为布料的宽度。

2. 布料基础线的画法

①按要求取布后,进行纱向整理,并熨烫归正。

②用铅笔画出基础线(图 3-81)。

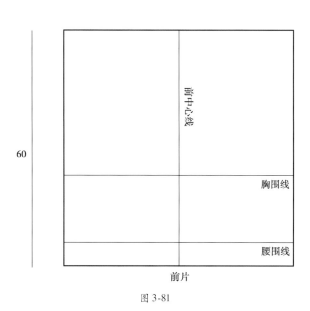

前中心线

60

60

胸围线

腰围线

前片

图 3-81

四、立裁操作

①取前片坯布,将坯布的基础线与人台上的基础线对齐,用八字对别针法将前中心线固定在人台上(图 3-82)。

②保持前中心处对齐状态,坯布胸围线与人台胸围线重合,单针斜插固定胸高点,领口处打剪口,修剪左领口和左肩缝份,并在袖窿处打剪口(图 3-83)。

③在右侧从上至下操作,固定颈肩点,将胸部余量轻推至腰部,并根据贴线造型在坯布上画出圆弧造型线,圆弧线经过两 BP 点(图 3-84)。

图 3-82

图 3-83

图 3-84

④留 1 cm 缝头,从前领口中心开始向下剪,沿圆弧造型线剪开,经过右胸高点至左胸高点结束(图 3-85)。

⑤腰线打剪口,将左腰身余量全部推至右衣身,从下至上整理好腰部,使腰部平服无拉纹,抹平左侧胸下布料,逐步将余量全部推至前中心,并修剪下摆、袖窿和右肩缝份(图3-86、图3-87)。

⑥在调整好的衣片上再次绘制圆弧造型,修剪掉多余缝份,并将圆弧造型用珠针折别固定(图3-88、图3-89)。

⑦折别缝头,调整整体造型,各部位贴线,点影作标记(图3-90)。

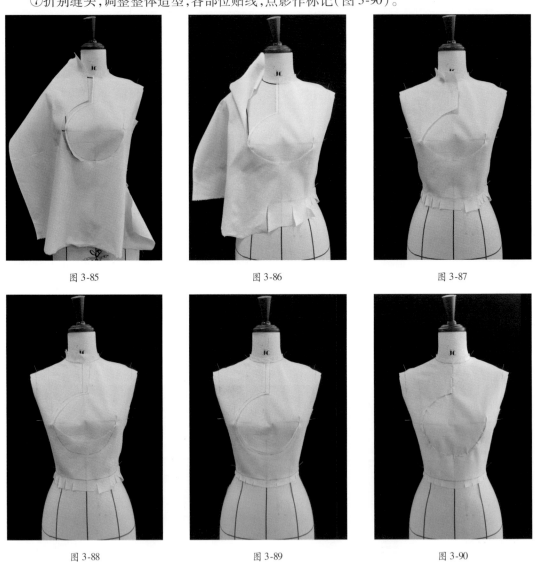

图 3-85　　　　　　　　图 3-86　　　　　　　　图 3-87

图 3-88　　　　　　　　图 3-89　　　　　　　　图 3-90

五、取样整理

①在人台上描线(图3-91)。

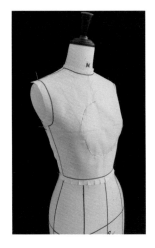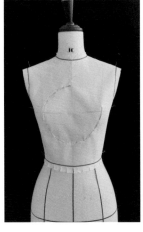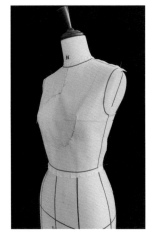

图 3-91

②调整对位（图 3-92）。

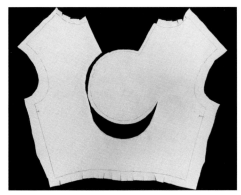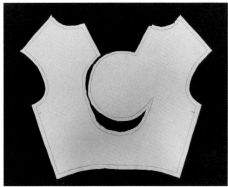

图 3-92

③用硫酸纸将整理后的坯布进行拓样，并做好相应的对位标记与符号，规范结构线条的使用（图 3-93）。

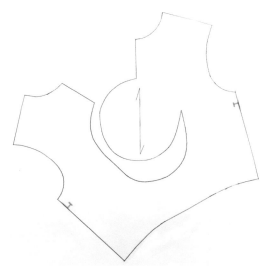

图 3-93

作业

　　根据省道转移原理,参考前面学习的省道转移方法,完成图 3-94 所示款式图的立体裁剪。

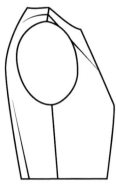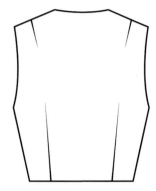

图 3-94

领子处于衣服的最上端，与人的面部距离较近，在服装中好似人的眼睛一样，占据着醒目的位置。精致的领口设计不仅可以给衣服增加亮点，也可以修饰着装者的脸型。不同的领型体现的风格有所不同，适合出席的场合也不一样。

衣领的款式很多，根据表现特征分为无领、有领及变化领型等。其中有领类包括立领、翻领、翻驳领、异形领等。

[知识目标]
- 了解领子的构造；
- 掌握基本领型的立体裁剪方法；
- 掌握异形领的结构特征；
- 理解领子变化的规律。

[技能目标]
- 能进行基本领型的立体裁剪；
- 能进行领子变化款的立体裁剪。

[素养目标]
- 培养规范安全操作与节约材料的意识。

>>>>>>>>> 任务一
　　　　　立领的立体裁剪

一、款式分析

　　立领是围绕颈部并竖立的领型。立领有三种形状,与颈部形状相近的上小下大式,称为旗袍立领;像水桶形状的上下一样式,称为水桶式立领;像敞口水杯形的上大下小式,称为敞口立领(图4-1)。

旗袍立领　　　　　　　　水桶式立领　　　　　　　敞口立领

图 4-1

二、人台准备

　　在已经完善了基本标记线的人台上,根据款式(中式立领)贴出前领圈线与领外口线,领高约 4 cm(图4-2)。

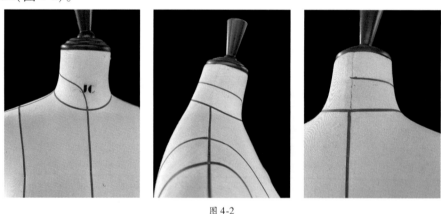

图 4-2

三、布料准备

　　1.白坯布的用量准备

　　布料经向的计算:按领高加 4 cm 为布料的长度。

　　布料纬向的计算:按 1/2 领围加 5~15 cm 为布料的宽度。

　　本任务为三款立领,按 8 cm×25 cm 的尺寸准备三片布料(图4-3)。

　　2.布料基础线的画法

　　①按要求取布后,进行纱向整理,并熨烫归正。

②用铅笔画出基础线(图4-4)。

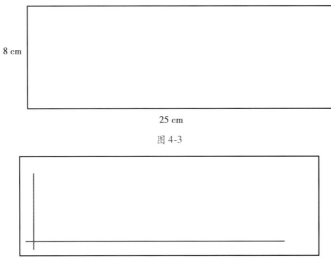

8 cm

25 cm

图 4-3

图 4-4

四、立裁操作

1. 旗袍立领

①布料固定,将坯布的基础线与人台上的后中线对齐,用八字对别针法将后中心点固定在后衣片(或人台)上(图4-5)。

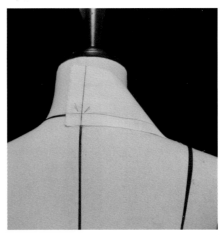

图 4-5

②在颈围线上,从后中心线到颈肩点约2/3处,坯布基础线与之重叠,用针固定。缝头打剪口,用手调整布料与颈部的空间关系(图4-6)。

③从后中心线到颈肩点余下1/3,坯布微微向下拉,使领底基础线略向下离开颈围线,并用针固定(图4-7)。

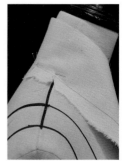

图 4-6   图 4-7

④把坯布沿前领围线,顺势调整坯布基础线走向,观察衣领与颈部的空间关系,基础直线越往下走,领前端起翘量越大,越靠近颈部(图 4-8)。反之则与颈部空间越大。

图 4-8

⑤完成领底的描点,确定领高,贴出领外口线,剪去多余的布料(图 4-9)。

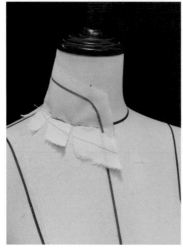
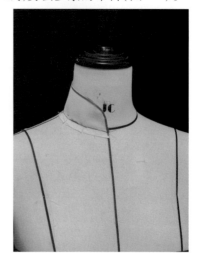

图 4-9

⑥完成后的平面图(图4-10)。

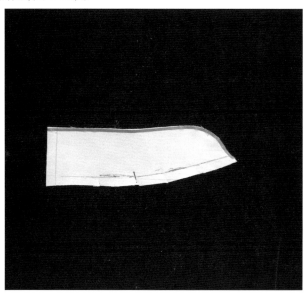

图 4-10

2. 水桶式立领

水桶式立领的立体裁剪前两步与旗袍立领完全相同,第三步将坯布领底基础线与领圈基础线完全重合(图4-11)。

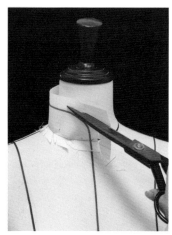

图 4-11

3. 敞口立领

敞口立领的立体裁剪前两步与旗袍立领完全相同,第三步要在后领圈靠颈肩点的 1/3 处开始,将白坯布料向上拉,白坯基础领底线往上走,观察衣领与颈部的空间关系,基础直线越往上走,领子与颈部之间的空间越大(图4-12)。

图 4-12

三种立领的平面图对比（图 4-13）。

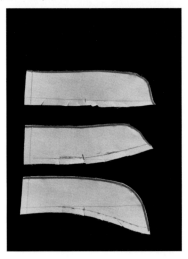

图 4-13

〉〉〉〉〉〉〉〉任务二
　　　　　小翻领的立体裁剪

一、款式分析

小翻领是指自带领座的翻领，一片结构，多用在女款衬衫上（图 4-14）。

图 4-14

二、人台准备

在已经完善了基本标记线的人台上,根据款式贴出翻领线与领外口线,后领中底领高3 cm,翻领高 4 cm,前领角长约 6 cm(图 4-15)。

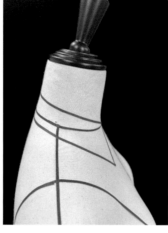

图 4-15

三、布料准备

1. 白坯布的用量准备

布料经向的计算:按后领中底领翻领高加 6 cm 为布料的长度。

布料纬向的计算:按 1/2 领围加 5～15 cm 为布料的宽度。

按 12 cm×25 cm 的尺寸准备布料(图 4-16)。

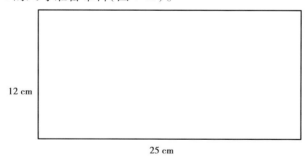

12 cm

25 cm

图 4-16

2. 布料基础线的画法

①按要求取布后,进行纱向整理,并熨烫归正。

②用铅笔画出基础线,领底基础线距布边 3 cm 左右,后领中基础线距布边 1 cm 左右(图 4-17)。

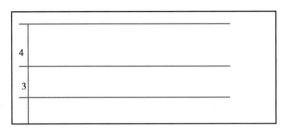

图 4-17

四、立裁操作

①布料固定,将坯布的基础线与人台上的后中线对齐,用八字对别针法将后中心点固定在衣片后领圈中点上(图4-18)。

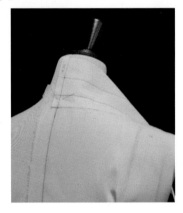

图 4-18

②在领圈线上从后中心点到颈肩点约2/3部分与立领操作手法一样。余下1/3的后领圈,坯布微微向上拉,使领底基础线略向上离开领圈线,并用针固定(图4-19)。沿翻折线折转坯布,调整出后领部分(图4-20)。

图 4-19   图 4-20

③沿翻折线向前中心线方向理顺布料,使之逐渐形成所需的外观造型,领座部分到前颈窝点处消失。翻折线保持圆顺,且与颈部的空间控制在0.5 cm左右(图4-21)。

图 4-21

④翻起领子,将布料调整为平顺状态,用针固定并描出领底线(图 4-22)。

图 4-22

⑤再次翻下翻领部分,用标记带贴出领外口线,并剪去多余的布料(图 4-23)。

图 4-23

⑥完成立体裁剪，做好翻折线与领底线的描点并取下（图4-24）。

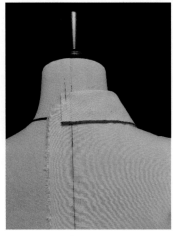

图4-24

⑦完成后的平面图（图4-25）。

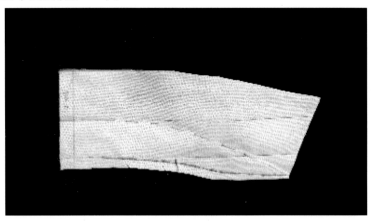

图4-25

>>>>>>>>> 任务三
　　　　驳领的立体裁剪

一、款式分析

　　驳领也称西装领，是指翻领与驳头连接在一起的领子，分为平驳领、戗驳领及青果领三种形式（图4-26）。

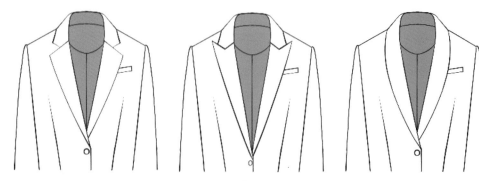

图 4-26

二、人台准备

本任务以平驳领为例进行讲解。

①在人台上贴出平驳领的款式线,注意前领角与驳头有一个夹角,这个角一般为75°~90°(图4-27)。

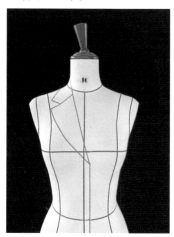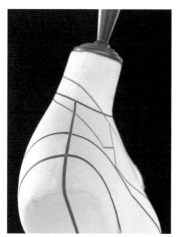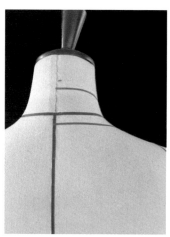

图 4-27

②在已经完成了前后衣片的人台上,将前领圈线、串口线标记出来(图4-28)。

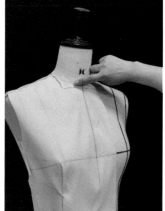

图 4-28

③根据人台标记线在基础衣片上设计出驳头止点与驳头宽,驳头宽约 8 cm(图 4-29)。

图 4-29

三、布料准备

1. 白坯布的用量准备

布料经向的计算:按后领中底领翻领高加 6 cm 为布料的长度。

布料纬向的计算:按 1/2 领围加 5～15 cm 为布料的宽度。

按 12 cm×25 cm 的尺寸准备布料(图 4-30)。

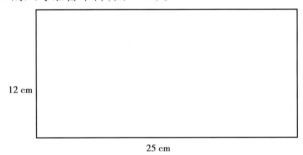

图 4-30

2. 布料基础线的画法

①按要求取布后,进行纱向整理,并熨烫归正。

②用铅笔画出基础线,领底基础线距布边 3 cm 左右,后领中基础线距布边 1 cm 左右(图 4-31)。

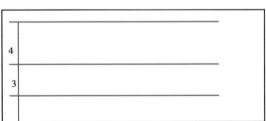

图 4-31

四、立裁操作

①从后领中点到颈肩点的领子操作手法与小翻领一样（图4-32）。

图 4-32

②沿翻折线向前领圈方向理顺布料，并把领片与驳头布料在串口线对接，用手调整使领翻折线与驳头折转线连成一条线，大头针沿串口别合领片与驳头（图4-33）。领翻折线保持圆顺，且与颈部保持适当的空间。

图 4-33

③翻起领子与驳头，将领子布料调整为平顺状态，用针固定并描出领底线（图4-34）。

图 4-34

④再次翻下翻领部分,用标记带贴出领外口线,并剪去多余的布料(图4-35)。

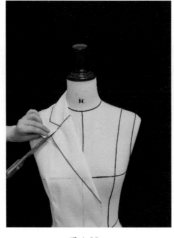

图4-35

⑤完成后的平面图(图4-36)。

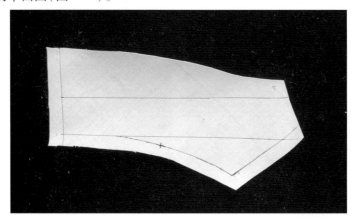

图4-36

作业

1. 请完成如图4-37所示两款立领的立体裁剪。

图4-37

2. 请完成如图 4-38 所示翻领的立体裁剪,要求领口圆顺,造型准确。

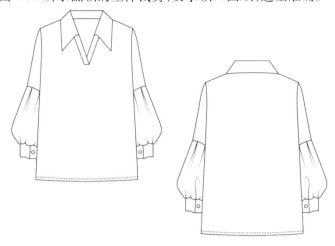

图 4-38

3. 请完成如图 4-39 所示戗驳领的立体裁剪,要求领口圆顺,驳头服帖,造型美观。

图 4-39

外套是穿在最外层衣服的总称,起源于19世纪初期男士穿的呢子大衣和军用大衣。女士外套是一种穿在女性身上的服装,通常由衣身、领子、袖子和门襟等部分组成,有保护身体、保暖和装饰的作用。

女士外套的款式和材质多种多样,可以根据不同的场合和季节来选择,如西装、毛呢外套、棉衣、夹克、羽绒服等,它们可以搭配不同的服装和鞋子,展现出女性的时尚和魅力。

[知识目标]

- 了解女式外套的作用;
- 掌握四开身结构外套的立体裁剪方法;
- 掌握西装袖的结构;
- 理解女式外套的款式变化。

[技能目标]

- 能进行四开身结构外套的立体裁剪;
- 能进行西装袖的立体组装。

[素养目标]

- 培养规范安全操作与节约材料的意识;
- 培养严谨的工作态度。

立领小外套的立体裁剪

一、款式分析

此款为全国中职技能大赛题库款,款式较复杂。

领子:立领结构,领前端接驳头,驳领无须翻折。

衣身:四开身结构,前中片胸部省量转移至侧缝,在腰线下向侧缝做L形分割线,在L形横向分割线上,向底摆做一个顺向褶,前侧片下端为袋盖,与褶皱重叠,单排一粒扣,圆下摆;后背中缝直通底摆,刀背缝结构,后中缝与分割线自腰线向下做两个褶,形成波浪状底摆。

袖子:合体一片圆装袖,袖口省(图5-1)。

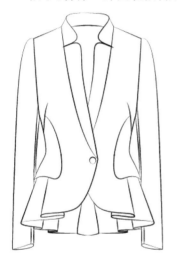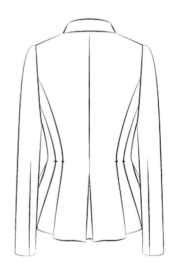

图5-1

成品规格表见表5-1。

表5-1
单位:cm

部位	L(后衣长)	B(胸围)	W(腰围)	S(肩宽)	袖肥	袖口	袖长
规格	58	92	74	36	33	25	58

二、人台准备

在已经完善了基本标记线的人台上,根据款式贴出前后造型线(图5-2)。

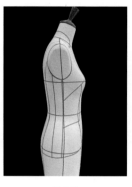

图 5-2

三、布料准备

1. 白坯布的用量准备

（1）前中片的取布

布料经向的计算：按衣长加 7 cm 为布料的长度。

布料纬向的计算：按 1/4 臀围加 22 cm 为前片布料的宽度，因前片下摆处有褶裥，所以需要加上褶裥的量。

（2）前侧片的取布

布料经向的计算：按侧片造型长度加 10 cm 为布料的长度。

布料纬向的计算：按侧片造型宽度加 5 cm 为布料的宽度。

（3）后片的取布

布料经向的计算：按衣长加 7 cm 为布料的长度。

布料纬向的计算：按 1/4 臀围加 36 cm 为后片布料的宽度，因后片下摆处有 3 个褶裥，所以需要加上较多褶裥的量。

（4）袖片的取布

布料经向的计算：按袖长加 7 cm 为布料的长度。

布料纬向的计算：按袖片平面结构制图中的袖肥加 15 cm 左右为布料的宽度。

（5）领片与驳头的取布

布料经向的计算：立领和驳头按立领长度加 3 cm 为布料的长度。

布料纬向的计算：立领按后中心线到造型处的距离再加 5 cm 为布料的宽度；驳头按造型取布再加上 3 cm 为布宽。

（6）各结构裁片的取布

前中片：长 65 cm、宽 45 cm 一片。

前侧片：长 30 cm、宽 16 cm 一片。

后片：长 65 cm、宽 60 cm 一片。

袖片：长 65 cm、宽 50 cm 一片。

领子：长 15 cm、宽 7 cm 一片。

驳头：长 40 cm、宽 10 cm 一片。

2.布料基础线的画法

按要求取布后,进行纱向整理,并熨烫归正。用铅笔画出基础线(图 5-3)。

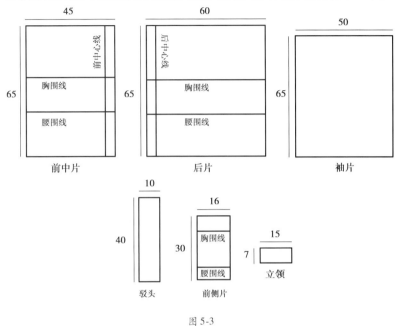

图 5-3

四、立裁操作

1.前片

（1）前中片

①取前中片的坯布,将坯布的基础线与人台的前中心线、胸围线、腰围线对齐,用八字对别针法将前中心线固定。修剪领口处造型(顺势固定颈肩点、肩端点,修剪肩线与袖窿弧线),并将胸省转移至腋下造型处(图 5-4)。

②在胸围至腰围处,根据 L 造型线,上端留足缝份,减去多余布料,并在 L 转角处折叠好下摆处的褶裥,修剪好缝头,褶裥呈上小下大状(图 5-5)。

③调整胸围、腰围、臀围处的松量,用手抚平各部位面料,修剪缝份为 1 cm 左右(图 5-6)。

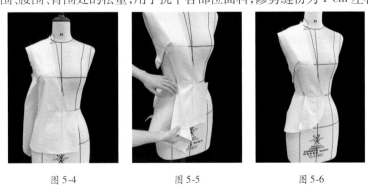

图 5-4　　　　　图 5-5　　　　　图 5-6

（2）前侧片

①取前侧片的坯布，将坯布的基础线与人台的胸围线、腰围线对齐，用针固定好（图5-7）。

②根据标记线，做好侧片造型，标记好袋盖大小，并把握好胸围、腰围的空间量，侧缝腰节处需适当拔量（图5-8）。侧片放在前中片下面，拼接处缝头为中片压侧片。

③修剪袋盖缝头，前侧片造型完成（图5-9）。

 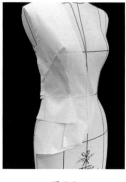 

图 5-7   图 5-8   图 5-9

2. 后片

后片看似由三片分割构成，实际为腰节线下由褶裥连接的一片结构。

①取后中片坯布，将坯布的后中心线对齐人台后中心线，在横向上坯布的腰围线、胸围线与人台上的相应线条对齐，用八字对别针法将坯布固定到人台上。用手抚平背部面料，保持腰围线、臀围线对齐状态（图5-10）。

②腰节上横开剪口，回拉布料形成腰下后中阴裥，把握好褶裥的大小量，修剪背中缝头（图5-11）。

③用手抚平面料，根据标记线位置，留足缝头，修剪出后领圈、后肩斜、后袖窿，再根据造型线剪出后刀背造型，剪至褶裥处停止（图5-12）。

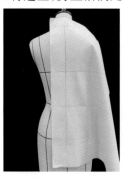  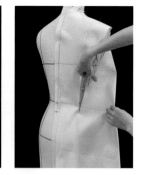

图 5-10   图 5-11   图 5-12

④在侧腰节下，从右往左折叠褶裥，褶裥重叠量约为4 cm。将腰节上端布料抚平到人台上，控制好褶裥及胸围、腰围的大小，按造型线修剪分割线上的多余布料，别合完成刀背缝（图5-13）。

⑤用同样的方法，做出第二个侧腰褶裥（图5-14）。

⑥后片造型完成，将前后片侧缝别合起来（图5-15）。

图 5-13 　　　　　　　图 5-14 　　　　　　　图 5-15

3. 领子与驳头

①领片的后中心与大身对齐并固定,操作方法前面已有介绍。调整好立领与脖子之间的空隙量(图 5-16)。

②驳头按照造型线的位置与前中片别合并进行修剪(图 5-17)。

③领子造型完成(图 5-18)。

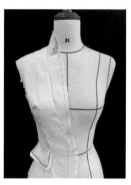

图 5-16 　　　　　　　图 5-17 　　　　　　　图 5-18

4. 袖片

①量取袖窿弧线长,并根据袖窿弧线的长度绘制由两片圆装袖转化成一片袖的结构制图(图 5-19)。

②将袖裁片的袖口省、袖底缝缝合好,并在袖窿弧线处抽上吃水线(图 5-20)。

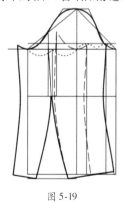

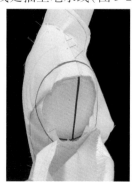

图 5-19 　　　　　　　图 5-20 　　　　　　　图 5-21

③在袖窿底用三根针固定住需要重合的地方(图5-21),然后调整吃水处的大小,再固定袖山高位置(图5-22),最后依次用大头针固定好前袖窿和后袖窿(图5-23、图5-24)。

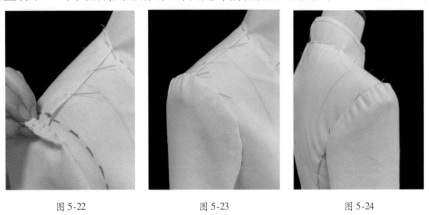

图 5-22   图 5-23   图 5-24

五、取样整理

①成品完成,在人台上描线(图5-25)。

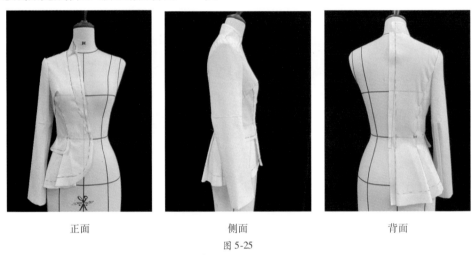

正面   侧面   背面

图 5-25

②调整对位(图5-26)。

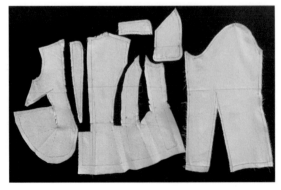

图 5-26

③用硫酸纸将整理后的坯布进行拓样,并做好相应的对位标记与符号,规范结构线条的使用(图5-27)。

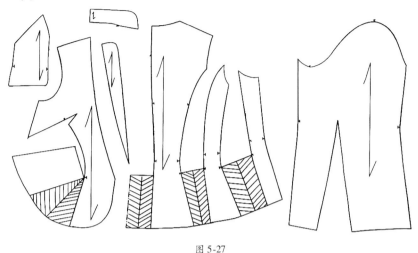

图 5-27

>>>>>>任务二
异形戗驳头小外套的立体裁剪

一、款式分析

领子:连身西装领,戗驳头,领底一片斜纱向。

衣身:四开身结构,门襟一粒扣,尖角倒"V"形前下摆,前片刀背缝分割线自袖窿下部起至前腰节下,与插袋前端相连,直线袋口转向侧缝,呈L形,前侧片向下延长至袋底,实用口袋,吸腰合体型;后片刀背缝自袖窿中下部起,过腰线收腰,直通底摆,后背中缝直通底摆。

袖子:合体两片袖结构,袖口开衩,两粒扣(图5-28)。

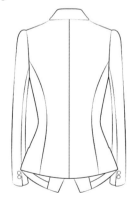

图 5-28

成品规格表见表 5-2。

表 5-2

单位:cm

部位	L(后衣长)	B(胸围)	W(腰围)	S(肩宽)	袖肥	袖口	袖长
规格	56	92	74	36	33	25	58

二、人台准备

在已经完善了基本标记线的人台上,根据款式确定好垫肩并贴出前后造型线(图 5-29)。

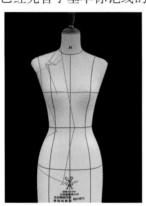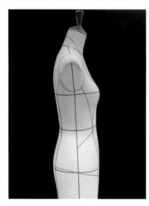

图 5-29

三、布料准备

1. 白坯布的用量准备

(1)前中片的取布

布料经向的计算:按衣长加 14 cm 为布料的长度。

布料纬向的计算:按 1/4 臀围加 10 cm 为前片布料的宽度。

(2)前侧、后侧片的取布

布料经向的计算:按侧片造型长度加 10 cm 为布料的长度。

布料纬向的计算:按侧片造型宽度加 5 cm 为布料的宽度。

(3)后片的取布

布料经向的计算:按衣长加 9 cm 为布料的长度。

布料纬向的计算:按 1/4 臀围加 15 cm 为布料的宽度。

(4)袖片的取布

布料经向的计算:按袖长加 7 cm 为布料的长度。

布料纬向的计算:按大、小袖片平面结构制图中的袖肥宽度加 10 cm 为布料的宽度。

(5)领片的取布

布料经向的计算:按领面加领座再加 8 cm 为布料的长度。

布料纬向的计算:按后中心线到串口线的距离加 10 cm 为布料的宽度。

（6）各结构裁片的取布

前中片：长 70 cm、宽 40 cm 一片。

前侧片：长 30 cm、宽 15 cm 一片。

后侧片：长 55 cm、宽 20 cm 一片。

后中片：长 65 cm、宽 25 cm 一片。

大袖片：长 65 cm、宽 30 cm 一片。

小袖片：长 65 cm、宽 20 cm 一片。

领子：长 25 cm、宽 15 cm 一片。

2. 布料基础线的画法

按要求取布后，进行纱向整理，并熨烫归正。用铅笔画出基础线（图 5-30）。

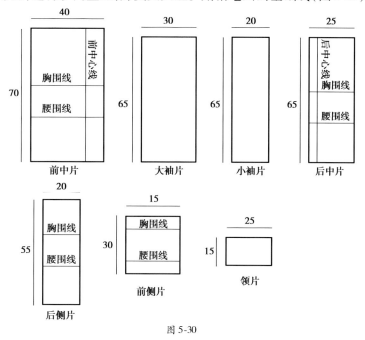

图 5-30

四、立裁操作

1. 前片

（1）前中片

①取前中片的坯布，将坯布的基础线与人台的前中心线、胸围线、腰围线对齐，用八字对别针法将前中心线固定（图 5-31）。

②抚平臀部布料，并留有一定的松量，从侧缝口袋位置剪至腰节，用针固定好再修剪侧缝造型（图 5-32）。

③进行胸省转移，胸部留有一定的松量，把胸部其余的省量转到前领窝造型处，并固定好。抚平下摆并确定好松量，修剪下摆多余部分，缝份留 1 cm 左右（图 5-33）。

④确定好连省驳头的位置，按造型线修剪驳角，在胸围线上横向剪开（图 5-34）。

⑤按串口线位置修剪布料,抹平肩颈部位,按标记线固定并修剪出领口(图5-35)。

⑥根据已经确定好的驳领位置,修剪翻折线以外的多余布料,缝头留 1 cm 左右(图5-36)。

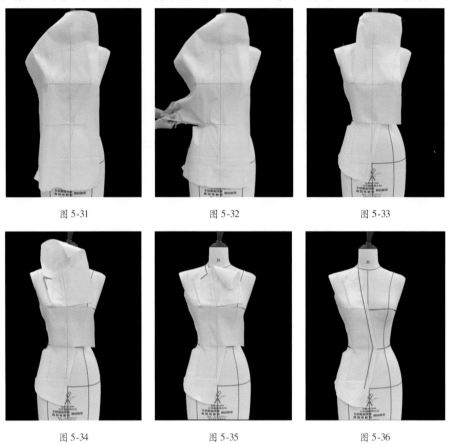

| 图 5-31 | 图 5-32 | 图 5-33 |

图 5-34 图 5-35 图 5-36

(2)前侧片

①取前侧片的坯布,将坯布的基础线与人台的胸围线、腰围线对齐,用针固定好(图5-37)。

②根据标记线,做好侧片造型,修剪出缝头,与前中片别合(图5-38),缝头为前中片压侧片。侧缝腰节线处适当拔开,把握好胸围、腰围的空间量。

图 5-37 图 5-38

2. 后片

（1）后中片

①取后中片坯布，将坯布的后中心线对齐人台后中心线，在横向上坯布的腰围线、胸围线与人台上的相关线条对齐（图5-39）。

②用固定针法将衣片与人体背宽线水平对齐固定，用手抚平背部面料，保持腰围线、臀围线对齐状态，在后中心腰围处确定劈进量并固定，在腰围处横向打开剪口（图5-40）。

③用手抚平面料，根据标记线位置，修剪出后背刀背造型、肩线、袖窿的缝份（图5-41）。

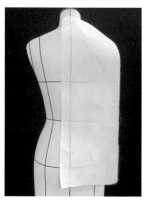  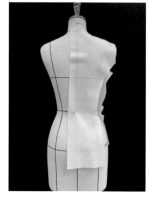

图5-39   图5-40   图5-41

（2）后侧片

①取后侧片的坯布，将坯布的基础线与人台的胸围线、腰围线对齐，用针固定好（图5-42）。

②按前侧片立裁方法完成后侧片造型，在侧缝处用针固定，并保持适当松量（图5-43）。

③后侧片造型完成（图5-44）。

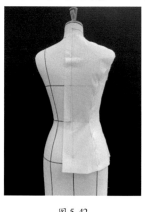  

图5-42   图5-43   图5-44

3. 领子

①领片的后中心与大身对齐并固定（图5-45）。

②边打剪口边与领圈进行别合，按翻折线将衣领翻折，调整好领子与脖子之间的松量（图5-46）。

③领子造型完成（图5-47）。

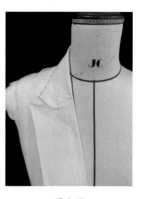

图5-45　　　　　　　　图5-46　　　　　　　　图5-47

4.袖片

①量取服装上的袖窿弧线长，并根据袖窿弧线的长度绘制两片圆装袖的结构制图（图5-48、图5-49）。

②将两片袖裁片的前后袖缝缝合好，并在袖窿弧线处抽上吃水线（图5-50）。

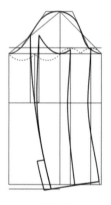

图5-48　　　　　　　　图5-49　　　　　　　　图5-50

③在袖窿底用三根针固定住需要重合的地方，然后调整吃水处的大小，再固定袖山高位置，最后依次用大头针固定好前袖窿和后袖窿（图5-51—图5-53）。

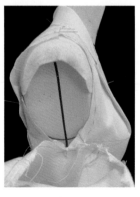

图5-51　　　　　　　　图5-52　　　　　　　　图5-53

五、取样整理

①成品完成,在人台上描线(图5-54)。

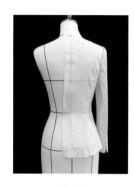

正面　　　　　　　　　　侧面　　　　　　　　　　背面

图 5-54

②调整对位(图5-55)。

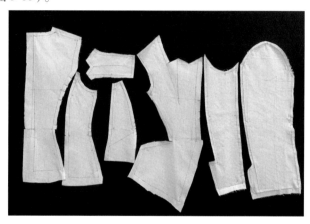

图 5-55

③用硫酸纸将整理后的坯布进行拓样,并做好相应的对位标记与符号,规范结构线条的使用(图5-56)。

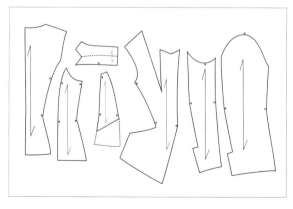

图 5-56

>>>>>>>>**任务三**

斗篷领外套的立体裁剪

一、款式分析

经典款式外套,整体造型简洁,领型较夸张,展现出女性雅致的风格和轮廓。

领子:披肩式斗篷领,后领高3 cm,不规则串口线与驳头相连。

衣身:六开身结构,前后衣身公主线分割,上围比较圆润丰满,腰围纤细合体,下摆加大呈盛开花朵状。

袖子:合体一片袖(图5-57)。

图 5-57

成品规格表见表5-3。

表 5-3

单位:cm

部位	L(后衣长)	B(胸围)	W(腰围)	S(肩宽)	袖肥	袖口	袖长
规格	56	90	72	38	33	28	58

二、人台准备

根据款式需要,胯部用定型棉增加扩展度,用红色标记带在已经完善了基本标记线的人台上,贴出前后结构线及造型线,注意串口线是"L"形转折,驳头较宽(图5-58)。

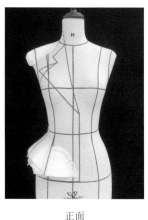 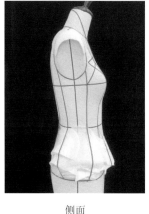 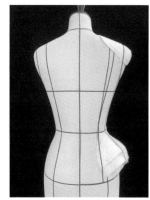

正面 侧面 背面

图 5-58

三、布料准备

1. 白坯布的用量准备

（1）前中片的取布

布料经向的计算：按衣长加 14 cm 为布料的长度。

布料纬向的计算：按 1/4 臀围加 10 cm 为布料的宽度。

（2）前侧、后侧片的取布

布料经向的计算：按侧片造型长度加 10 cm 为布料的长度。

布料纬向的计算：按侧片造型宽度加 5 cm 为布料的宽度。

（3）后中片的取布

布料经向的计算：按衣长加 9 cm 为布料的长度。

布料纬向的计算：按 1/4 臀围加 10 cm 为布料的宽度。

（4）袖片的取布

布料经向的计算：按袖长加 8 cm 为布料的长度。

布料纬向的计算：按袖片平面结构制图中的袖肥宽度加 10 cm 为布料的宽度。

（5）领片的取布

布料经向的计算：按领面加领座的数据再加上 5 cm 为布料的长度。

布料纬向的计算：按后中心线到串口线的距离再加上 10 cm 为布料的宽度。

（6）各结构裁片的取布

前中片：长 70 cm、宽 35 cm 一片。

前侧片：长 65 cm、宽 30 cm 一片。

后中片：长 70 cm、宽 20 cm 一片。

后侧片：长 65 cm、宽 25 cm 一片。

袖片：长 65 cm、宽 43 cm 一片。

领子：长 60 cm、宽 55 cm 一片。

侧片：长 50 cm、宽 20 cm 一片。

2. 布料基础线的画法

按要求取布后,进行纱向整理,并熨烫归正。用铅笔画出基础线(图 5-59)。

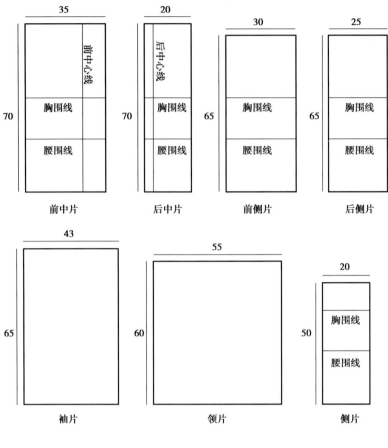

图 5-59

四、立裁操作

1. 前片

(1)前中片

①取前中片的坯布料,将坯布料的基础线与人台的前中心线、胸围线、腰围线对齐,用固定针法将前中心线固定(图 5-60)。

②修剪领口多余布料,在前领口处打剪口(图 5-61)。

③胸围处不能定大头针,坯布与人台腰围线对齐固定,胸围以下有松量。抚平以后修剪前直刀背分割线,并在腰围处打剪刀口,缝份为 1 cm 左右(图 5-62)。

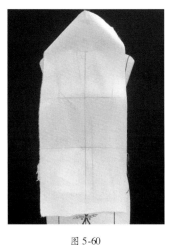
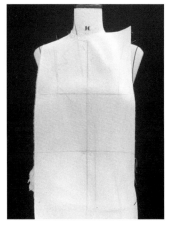
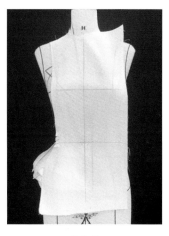

| 图 5-60 | 图 5-61 | 图 5-62 |

④用大头针固定翻驳止口,并剪开此处,按翻折线翻折,贴出驳头造型,注意串口线异形造型,修剪缝份为 1 cm 左右(图 5-63—图 5-65)。

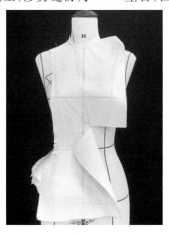
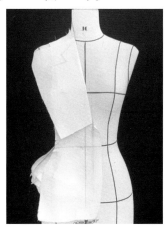
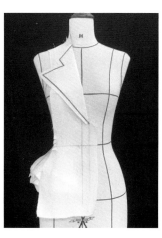

| 图 5-63 | 图 5-64 | 图 5-65 |

(2)前侧片

①取前侧片的坯布,将坯布的基础线与人台的胸围线、腰围线对齐,用针固定好(图5-66)。

②根据标记线,做前侧片造型,在分割线腰围处打剪口,与前中片别合出前公主分割线,把握好胸围、腰围和胯部的空间量(图5-67)。

③修剪袖窿及竖分割缝头,前侧片造型完成(图5-68)。

(3)侧片

①取侧片坯布,将坯布的基础线与人台的胸围线、腰围线对齐,用针固定好(图5-69)。

②根据标记线,做好侧片造型,在分割线腰围处打剪口,并把握好胸围、腰围和胯部的空间量(图5-70)。

③侧片造型完成(图5-71)。

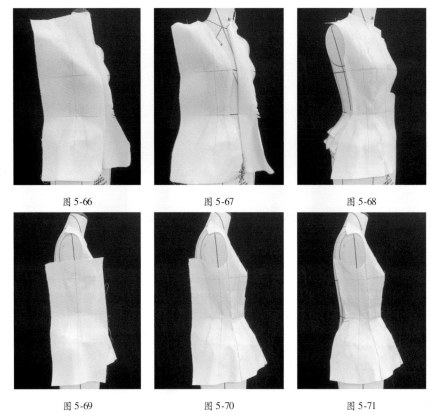

图 5-66   图 5-67   图 5-68

图 5-69   图 5-70   图 5-71

2. 后片

（1）后中片

①取后中片的坯布，将坯布的画样线与人台上的相关线条对齐，用固定针法将后中心线固定（图 5-72）。

②腰围线处横向打剪刀口，后中有劈势量约 1.5 cm（图 5-73）。

③保持背宽线水平状态，在后领口打剪刀口，用手抚平坯布至肩线并用针固定。根据标记线，做好后中片造型，在分割线腰围处打剪口，修剪缝份为 1 cm 左右（图 5-74）。

④后片造型完成。

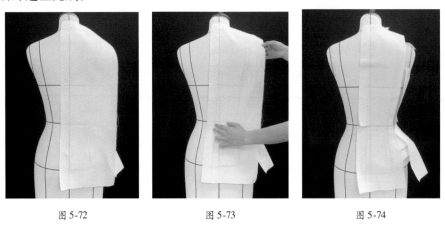

图 5-72   图 5-73   图 5-74

（2）后侧片

①取后侧片的坯布,将坯布的基础线与人台的胸围线、腰围线对齐,用针固定好（图5-75）。

②按前侧片立裁方法完成后侧片造型,在侧缝处用针固定,并把握好胸围、腰围和胯部的空间量（图5-76）。

③与侧片别合起来,后侧片造型完成（图5-77）。

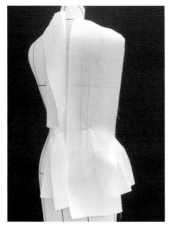  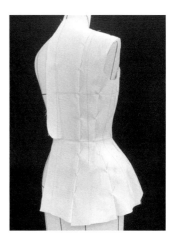

图 5-75　　　　　　　　　　图 5-76　　　　　　　　　　图 5-77

3. 领子

领子的主体立裁方法与驳领较为相似,不同之处是此款领子外翻部分较宽。

①领片的后中心与大身对齐并固定（图5-78）。

②沿坯布下口基础线连续打剪口,顺势与领圈进行别合到串口线,按翻折线将衣领翻折,调整好领子与脖子之间的松量（图5-79—图5-81）。

③对合串口线,调整驳头与领子的关系,修剪外领口造型（图5-82）。

④领子造型完成（图5-83）。

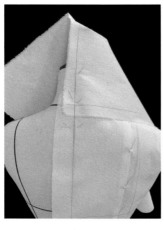 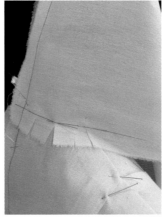 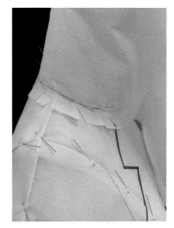

图 5-78　　　　　　　　　　图 5-79　　　　　　　　　　图 5-80

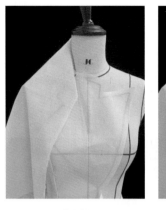  

图 5-81 　　　　　　　　　图 5-82 　　　　　　　　　图 5-83

4.袖片

①量取袖窿弧线长,并根据袖窿弧线的长度绘制一片袖的结构制图(图5-84—图5-86)。

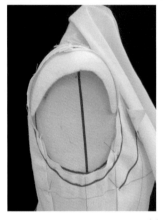 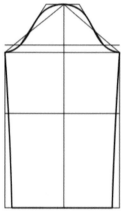 

图 5-84 　　　　　　　　　图 5-85 　　　　　　　　　图 5-86

②将一片袖裁片的袖底缝缝合好,并在袖窿弧线处抽上吃水线(图5-87)。

③在袖窿底用三根针固定住需要重合的地方,然后调整吃水处的大小,再固定袖山高位置,最后依次用大头针固定好前袖窿和后袖窿(图5-88—图5-92)。

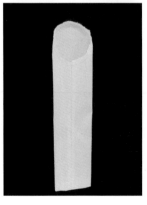 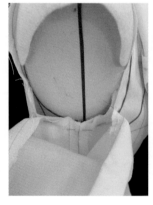 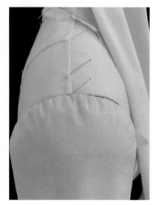

图 5-87 　　　　　　　　　图 5-88 　　　　　　　　　图 5-89

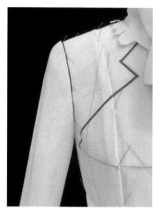

图 5-90   图 5-91   图 5-92

五、取样整理

①成品完成,在人台上描线(图 5-93)。

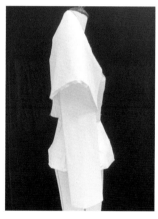

正面   侧面   背面

图 5-93

②调整对位(图 5-94)。

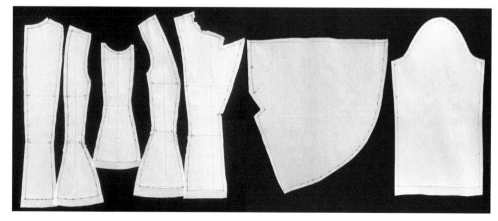

图 5-94

③用硫酸纸将整理后的坯布进行拓样,并做好相应的对位标记与符号,规范结构线条的使用(图 5-95)。

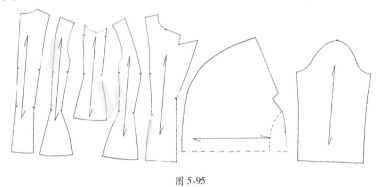

图 5-95

作业

1.请完成如图 5-96 所示外套的立体裁剪,要求造型准确,衣身干净整洁,胸围、腰围松量分配适度,底边不起吊,不外翻。

图 5-96

2.请完成如图 5-97 所示外套的立体裁剪,要求造型准确,衣身干净整洁,胸围、腰围松量分配适度,底边不起吊,不外翻。

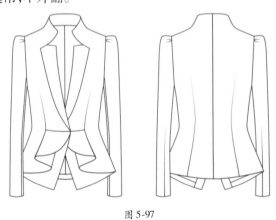

图 5-97

全身裙是相对于半身裙的称谓,通常称为连衣裙,是指上衣和裙子连成一体的连裙装。连衣裙是一个品种的总称,是年轻女孩喜欢的夏装之一。连衣裙因变化万千、种类繁多而极受青睐,被誉为"时尚皇后"。

连衣裙根据穿着对象的不同,可分为童式连衣裙和成人连衣裙。连衣裙款式种类繁多,有长袖的、短袖的、无袖的,有领式和无领式……上衣和裙体上可变化的因素都可以组合构成连衣裙的样式。连衣裙还可以根据造型的需要,形成各种不同的轮廓和腰节位置。合身的连衣裙可以衬托女性的身材,特别对个子比较小的女生有拉伸、变高的效果。其中,具有中式传统韵味的旗袍更是深受广大女性的追捧!

[知识目标]

- 了解全身裙的概念;
- 知道旗袍的立体裁剪方法;
- 了解断腰全身裙的结构;
- 了解技能大赛的标准;
- 理解全身裙的种类变化。

[技能目标]

- 能进行小礼服的立体裁剪;
- 能进行旗袍的立体裁剪;
- 能进行异形分割大摆裙(大赛款式)的立体裁剪。

[素养目标]

- 培养规范安全操作与节约材料的意识;
- 培养严谨的工作态度、精益求精的工匠精神。

》》》》》任务一
小礼服的立体裁剪

一、款式分析

抹胸断腰小礼服,前片纵向公主线分割,侧缝前移在前片形成侧腰分割,后中装无缝拉链,前片胸围线以上部分略离开身体,大裙摆,左右各两个斜袋,配袋盖(图6-1)。

图6-1

成品规格表见表6-1。

表6-1

单位:cm

部位	L(上衣)	L(裙长)	W(腰围)	H(臀围)
规格	25	75	68	92

二、人台准备

根据款式贴出前后抹胸线、纵向分割线、袋盖位,此款式人台两胸高点需要拉过胸条(图6-2)。

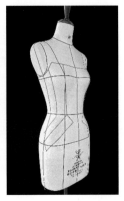

图 6-2

三、布料准备

1. 白坯布的用量准备

（1）衣片的取布

布料经向的计算：前中片按上衣长加 10 cm 左右为布料的长度。后衣片长度稍短，以衣长取布即可。

布料纬向的计算：根据各片在服装中的最宽处加一定的量为布料的宽度。

（2）裙片的取布

布料经向的计算：按裙长加 15 cm 左右为布料的长度。

布料纬向的计算：根据摆量的大小，以 1/4 臀围加 50 cm 左右为布料的宽度。

（3）各结构裁片的取布

前上衣中片：长 35 cm、宽 20 cm 一片。

前上衣侧片：长 35 cm、宽 10 cm 一片。

后上衣：长 25 cm、宽 30 cm 一片。

裙片：长 90 cm、宽 70 cm 两片。

袋口：长 30 cm、宽 18 cm 一片。

2. 布料基础线的画法

①按要求取布后，进行纱向整理，并熨烫归正。布料的经纱方向向内 5 cm 左右定前后中心线，纬纱方向从布边向下 15 cm 定腰围线。

②用铅笔画出基础线（图 6-3）。

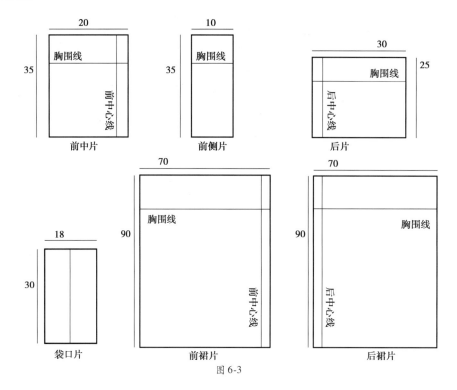

图 6-3

四、立裁操作

1. 上衣片

①前中片固定在人台上(图 6-4)。

②前侧片按布料基准线固定到人台上,中片与侧片用对合针法别合起来,在胸围上部适当离开人体(图 6-5)。

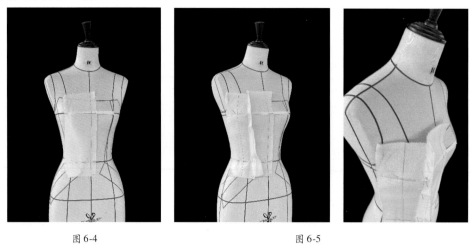

图 6-4   图 6-5

③剪去多余的缝头,用规范针法重新别合(图 6-6)。

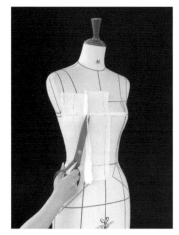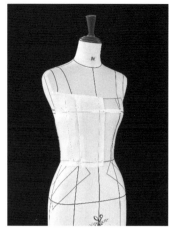

图 6-6

④后片按款式固定在人台上,与前侧缝别合起来,调整出抹胸的合适量(图6-7)。

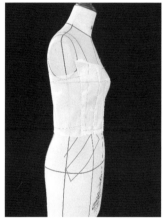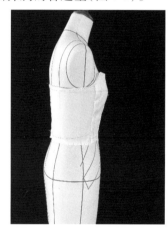

图 6-7

2. 裙片

裙摆的立体裁剪方法与大摆裙一样,然后在合适的位置贴上袋盖(图6-8)。

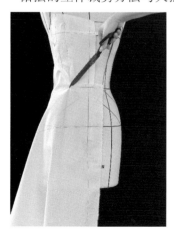

图 6-8

五、取样整理

①剪去多余的底边，在已完成的白坯造型上描点并进行线条画顺（图6-9）。

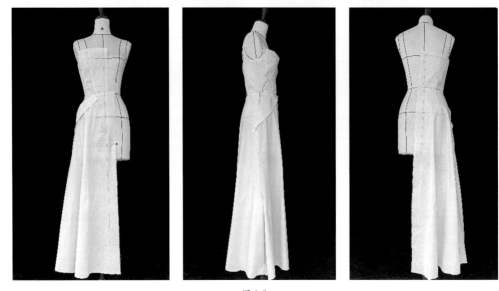

图 6-9

②用硫酸纸将整理后的坯布进行拓样，并做好相应的对位标记与符号，规范结构线条的使用（图6-10）。

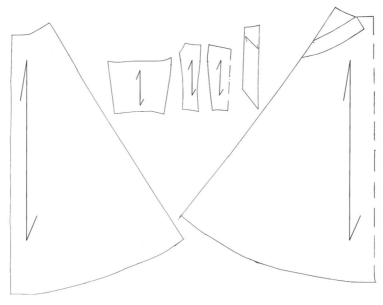

图 6-10

一、款式分析

改良旗袍设计,H 形廓形,长度至膝下 20 cm 左右。前片不对称设计,左前侧开衩,前过肩片与左侧片为拼撞设计,前过肩留镂空造型。连身短袖,标准旗袍立领。前片有侧胸斜省,前后收胸腰腹省(图 6-11)。此款较优雅、温婉,展现迷人的东方神韵。

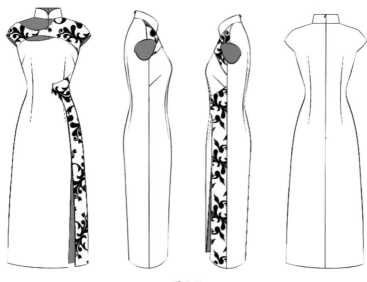

图 6-11

成品规格表见表 6-2。

表 6-2 单位:cm

部位	L(后裙长)	B(胸围)	W(腰围)	H(臀围)	袖长
规格	88	90	68	92	8

二、人台准备

在已经完善了基本标记线的人台上,根据款式贴出立领轮廓线、前后腰省道分布线、款式结构线等所有线条(图 6-12)。

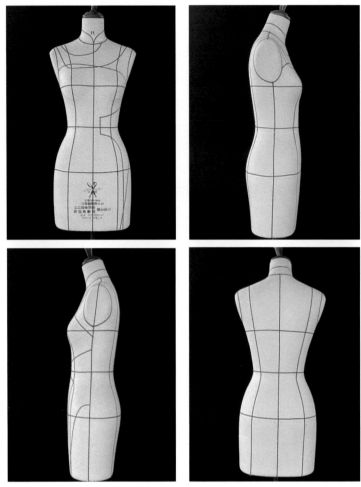

图 6-12

三、布料准备

1. 白坯布用量准备

（1）前大片与后大片的取布

布料经向的计算：按裙长上下各加 10 cm 左右为布料的长度。

布料纬向的计算：前大片为整片立裁，取臀围的 1/2 加 5 cm 左右为布料的宽度。

（2）前上片的取布

布料经向的计算：按颈肩点到上片底边的长加 10 cm 左右为布料的长度。

布料纬向的计算：按 1/2 胸围加 15 cm 左右为布料的宽度。

（3）前下片的取布

布料经向的计算：按所需长度加 15 cm 左右为布料的长度。

布料纬向的计算：根据摆量的大小，以 1/4 臀围加 10 cm 左右为布料的宽度。

（4）领片的取布

领片的取布与项目四中立领的取布一样。

（5）各结构裁片的取布

前大片：长110 cm、宽50 cm一片。

后大片：长110 cm、宽30 cm一片。

前下片：长80 cm、宽30 cm一片。

前上片（前过肩）：长30 cm、宽60 cm一片。

领片：长8 cm、宽25 cm一片。

2.布料基础线的画法

按要求取布后，进行纱向整理，并熨烫归正。用铅笔画出基础线（图6-13）。

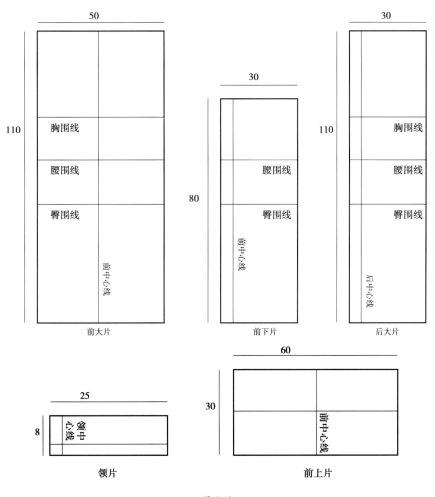

图 6-13

四、立裁操作

1.前片

①取前大片的坯布，将坯布的前中心线对齐人台前中心线，在横向上，坯布与人台上的腰围线对齐，用固定针法将前中心线固定（图6-14）。

②根据人台的款式标记线剪出前大片领口(用手把面料向两侧抚平),留适当松量为剪袖窿做准备(图6-15)。

③单针固定侧缝,剪出右袖窿,抓捏出侧斜省与胸腰腹省,用大头针别住(图6-16)。侧缝上适当打出剪口,侧腰处拔量(图6-17)。用同样的方法剪出左袖窿及左侧斜省与胸腰腹省(图6-18)。

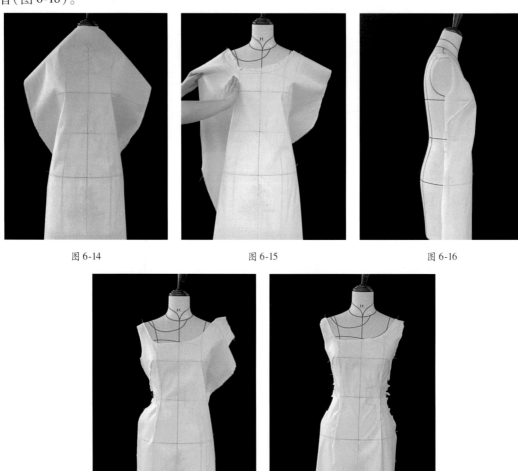

图 6-14 图 6-15 图 6-16

图 6-17 图 6-18

2. 前上片(前过肩)立裁

①取前过肩的坯布,将布料覆盖在前大片上,并将前中心线与人台前中心线对齐固定。

②根据标记线剪出过肩的异形领圈(图6-19)。调节过肩与前大片的空间关系,剪出过肩下口,注意镂空的造型(图6-20)。过肩在靠近右前腋点处与大片固定,修剪多余布料。

③过肩左侧在靠近左前腋点处与大片固定,并顺势向下到袖窿底,并在侧缝上端 2 cm 处将前大片与过肩固定在一起(图6-21)。

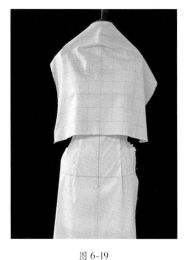

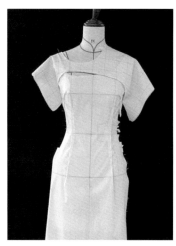

图 6-19   图 6-20   图 6-21

3. 后片

①取后片的坯布,将布料的后中心线上端与人台后中心线对齐,腰节处的布料中心线向外拉 1.5 cm 左右,在横向上,坯布与人台上的臀围线对齐,用固定针法将布料固定(图6-22)。

②按前面成衣的方法完成后领圈及肩斜线的操作。注意肩线只操作到肩端点位置,为后面操作连身袖留足布料。在侧缝腰围线处打开剪口,大头针固定在人台上,此时腰部布料堆积较多,按贴线位置抓捏出腰省(图6-23)。

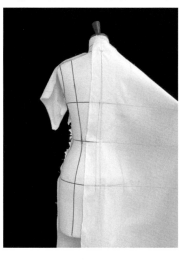
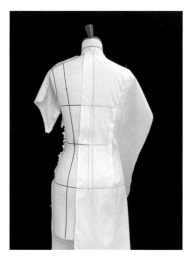

图 6-22   图 6-23

③用手抚平后背坯布,按后袖窿贴线留适当松量,留自带袖的缝份并打剪口修剪(图6-24)。前后侧缝别合起来,缝头为后片压前片,整体观察造型并调整(图6-25)。

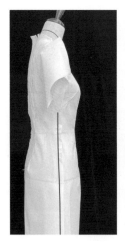

图 6-24　　　　　　　　　　图 6-25

4.袖子

①将前小片与后片肩线别合在一起,后片压前片(图 6-26)。

②从肩端点开始,肩线转弯,前后片别合后形成立体盖碗状(图 6-27)。

③根据肩部位置调整袖子形状与大小,确定袖中缝,修剪袖口多余的缝份并折转固定(图 6-28)。

图 6-26　　　　　　　　　　图 6-27

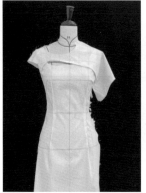

图 6-28

5. 领子

在前面已经讲过,不再重复(图 6-29)。

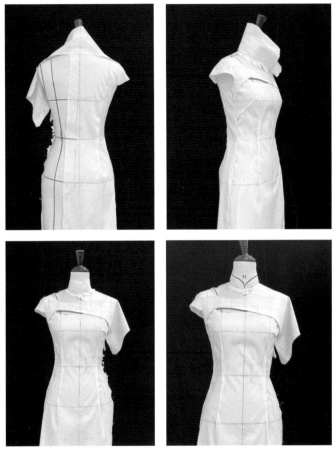

图 6-29

6. 前小片(裙摆拼撞)

按标记线位置将坯布固定在前片上,修剪并调节出所需要的造型(图 6-30)。注意腰部与大片的融合,杜绝出现上下两片松紧不一的情况。

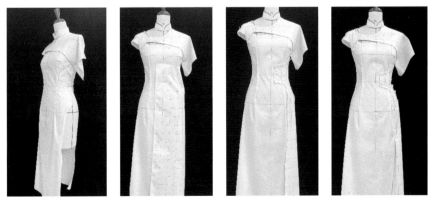

图 6-30

7. 成品

成品完成（图6-31）。

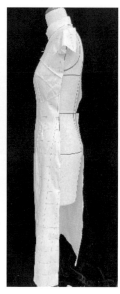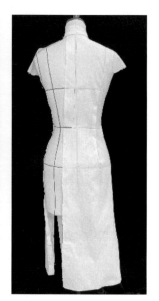

图 6-31

五、取样整理

用硫酸纸将整理后的坯布进行拓样，并做好相应的对位标记与符号，规范结构线条的使用（图6-32）。

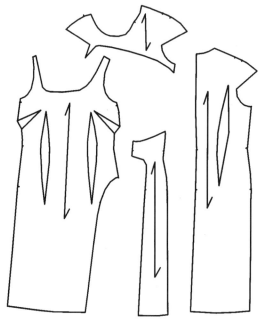

图 6-32

》》》》》任务三

异形分割大摆裙的立体裁剪

一、款式分析

此款为中职技能大赛题库款,款式较为复杂。

衣身:合体 X 型;腰部合体;前片由两片构成,前侧片自颈侧点沿领口线、胸部内侧、乳下弯曲至胸做省道,至腰部顺势做一个内扣波浪,波浪插入侧缝,前中片上部做连成一片的翻领,在波浪下转至侧缝;后刀背缝至腰部转至侧缝,前后"L"结构线上各有一个褶裥通底摆;后中缝通底摆,侧缝线前后褶裥为"工字褶"。

衣领:连身青果领,领面、领底用整片。

衣袖:两层环浪袖;环浪的中心角向前折,插入环浪之间,环浪的起点前后编成小辫,收入肩缝,袖口贴边(图6-33)。

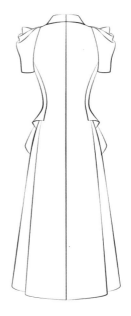

图 6-33

成品规格表见表6-3。

表 6-3 单位:cm

部位	L(后中裙长)	B(胸围)	W(腰围)	S(肩宽)	袖肥	袖口	袖长
规格	108	90	72	36	33	28	25

二、人台的准备

在已经完善了基本标记线的人台上,根据款式贴出青果领轮廓线、胸部内侧曲线、前后"L"结构线、腰部内扣波浪造型线、侧缝前后褶裥位、袖窿弧线等(图6-34)。

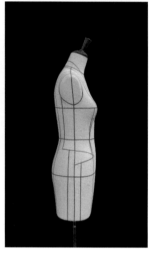

图 6-34

三、布料准备

1. 白坯布的用量准备

(1)前片的取布

布料经向的计算:按裙长加 32 cm,前片为连身青果领,所以需上加青果领量,为布料的长度。

布料纬向的计算:按 1/4 摆围加 10 cm 为布料的宽度。

(2)侧片的取布

布料经向的计算:按侧面造型长度加 15 cm 为布料的长度。

布料纬向的计算:按侧面造型宽度加 10 cm 为布料的宽度。

(3)后片的取布

布料经向的计算:按裙长加 12 cm 为布料的长度。

布料纬向的计算:按 1/4 摆围加 10 cm 为布料的宽度。

(4)袖片的取布

根据环浪袖的造型需求,按 45 cm×45 cm 取布即可。

2. 布料基础线的画法

按要求取布后,进行纱向整理,并熨烫归正。用铅笔画出基础线(图6-35)。

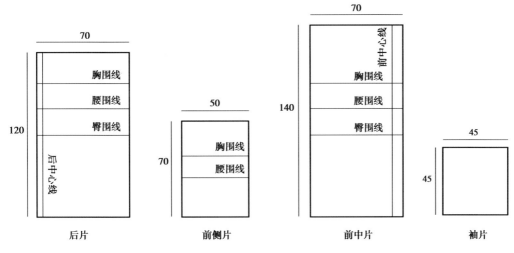

图 6-35

四、立裁操作

1. 后片

①取后片的坯布,将坯布的基础线与人台上的基础线对齐,然后将后中心线在腰围线处向左偏移1.5~2 cm,最后用八字对别针法将胸围线、腰围线上的后中心线固定在人台上(图6-36)。

②在腰线处打剪刀口,对此处进行略拔量,使其服帖(图6-37)。

③根据标记线,完成后领圈、后肩线、袖窿及侧腰分割的缝头处理,并对侧腰分割位置进行打剪刀口和拔量,使其合体(图6-38)。

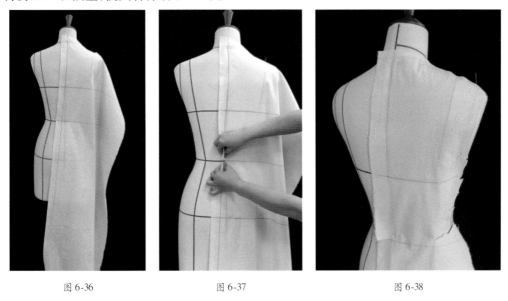

图 6-36　　　　　　　　　图 6-37　　　　　　　　　图 6-38

④在腰节线处,把侧缝方向布料回拉,进行后褶裥操作(图6-39)。

⑤根据标记线,修剪裙摆侧缝多余布料(图6-40)。

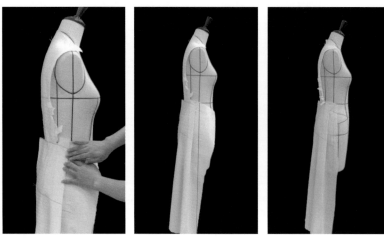

图 6-39   图 6-40

2. 侧片

①取侧片的坯布,将坯布的基础线与人台上的基础线对齐,用八字对别针法将前中心线固定在人台上(图6-41)。

②对领圈进行初裁,并打剪刀口固定(图6-42)。

③在胸上方把胸省量推向下方腰部造型省附近,用手抚顺布料并把握好此处的空间量,用大头针固定好(图6-43)。

图 6-41   图 6-42   图 6-43

④从前中胸围线处下剪刀,斜下剪向腰围线上的省位点方向,到省位点预留 3 ~ 4 cm(图6-44)。

⑤再次捏出腰省的大小与位置,并进行固定(图6-45)。

⑥布料沿人台侧面向后肩胛推平,对侧腰分割线布料进行修剪,腰节处打上剪口,注意控制好松量,并初裁出袖窿(图6-46)。

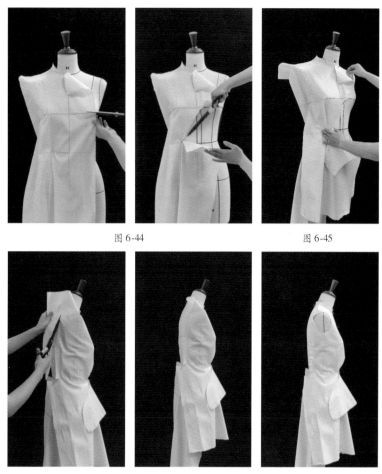

图 6-44   图 6-45

图 6-46

⑦将人台转至前方,对胸部内侧曲线造型进行调整修剪(图6-47)。

⑧根据造型,初略修剪,沿腰省向下做内扣波浪的外延线(图6-48)。

⑨为了使胸部处的造型更合体,可以在曲线下方收适当胸省量,用大头针固定(图6-49)。(成品此处需用线抽吃水)

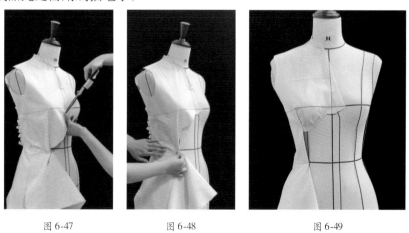

图 6-47   图 6-48   图 6-49

⑩对侧面的波浪造型长度进行修剪,再次调整两层内扣造型(图6-50)。

⑪对上层的波浪进行修剪(图6-51)。

图6-50   图6-51

⑫以侧缝线位置为参考,对下层波浪后方多余的量进行修剪(图6-52)。

⑬调整整体波浪造型,并对上层波浪的下沿线打剪刀口和拔量,使其在胯部上方服帖,基本完成侧片造型(图6-53)。

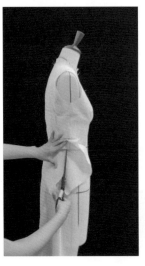

图6-52   图6-53

3. 前片

①取前片的坯布,将坯布的基础线与人台上的基础线对齐,用八字对别针法将胸围线、腰围线上的前中心线固定在人台上(图6-54)。

②从左侧胸围线处剪开,剪至接近驳折点(图6-55)。

③以驳折点为起点,将布料向内折,初略折叠出青果领翻折线(图6-56)。

图 6-54 图 6-55 图 6-56

④放平肩部布料,从侧腰横向下刀剪开到胸下造型点,向上剪去侧胸布料,对腰部打剪口并拔量,用针固定腰下部分(图6-57)。

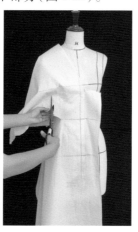

图 6-57

⑤把上身的上层裁片翻起,沿青果领翻折线,向内确定领底线,与侧片、后片布料的领圈线别合在一起,领底适当拔量(图6-58)。

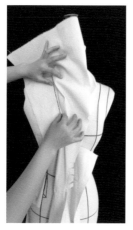

图 6-58

⑥再把上层裁片放下,对青果领的造型进行初裁(图6-59)。

图 6-59

⑦按贴出的领外口弧线及乳下弯造型,对多余的面料进行修剪,并做剪刀口(图6-60)。

⑧将侧片的内扣波浪拿到前中片上方,叠在乳下弯造型的起点处,并用针进行固定(图6-61)。

⑨把前中片乳下弯造型处的剪刀口翻折进去,并用针进行固定至接近胸围线处(图6-62)。

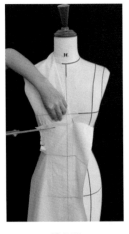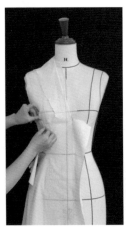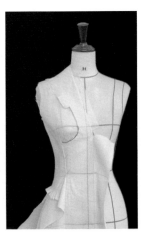

图 6-60 　　　　　　　　　图 6-61 　　　　　　　　　图 6-62

⑩将领面翻起,修剪后领底弧线,打剪口,使其圆顺(图6-63)。

⑪放下领面,修剪后外领口弧线,可在外领口打剪口(图6-64)。

⑫在人台侧面,将侧片的内扣波浪翻到上方进行固定(图6-65)。

⑬根据款式造型折叠前侧褶裥并固定,预留好摆量,将多余的面料剪掉(图6-66)。

⑭调整前后裙片的侧摆造型,并将侧缝别合起来(图6-67)。

⑮将侧片的内扣波浪放下,将波浪的最下层插入侧缝,调整整体造型,并用针固定(图6-68)。

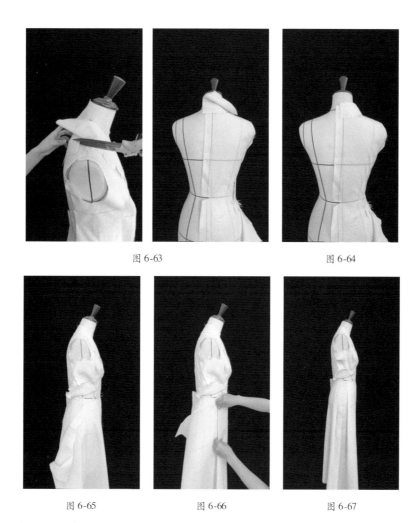

图 6-63   图 6-64

图 6-65   图 6-66   图 6-67

⑯最后放下整个波浪,进行造型整理,保证圆顺(图6-69)。

⑰用红色标记带对裙摆进行定位贴线,并修剪外领口,缝头向内折叠完成领子造型(图 6-70)。

图 6-68

图 6-69

图 6-70

⑱检查裙身整体造型并调整（图6-71）。

图 6-71

4. 袖片

①取袖子裁片进行45°角对折（图6-72）。

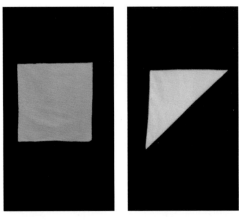

图 6-72

②在对角线可开合一边的10 cm处作一个1 cm剪刀口，10 cm大致为环浪的中心角所需长度，10 cm以下打开对位肩线固定（图6-73）。

图 6-73

③根据设计造型,先在前袖取第一层环浪,折叠出合适的空间量,顺势完成后袖部分环浪,注意保持前后圆顺,用针固定在袖窿上(图6-74)。

图 6-74

④根据设计造型,按同样的方法,先在前袖取第二层环浪,再顺势完成后袖环浪,注意前后圆顺及空间量,最后固定到肩部(图6-75)。

图 6-75

⑤将中心角取出,注意第一、二层环浪要错位1 cm左右,再将中心角插入两层环浪之间(图6-76)。

图 6-76

⑥根据袖窿造型线留足袖内空间量,对袖窿处多余的布料进行修剪,并作剪刀口使其服帖(图6-77)。

⑦再把下方的面料往内对卷,取出下方袖子造型,对多余的布料进行裁剪,用针将袖山底部与袖窿底别合(图6-78),最后内扣袖山缝头别合到衣身袖窿线上。

图6-77   图6-78

⑧再次整理袖窿与环浪造型,用隐藏针法将袖子与大身装配好(图6-79)。

图6-79

5. 成品

成品完成(图6-80)。

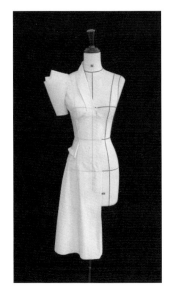

图 6-80

五、取样整理

①在白坯布上描点并进行线条画顺。

②用硫酸纸将整理后的坯布进行拓样,并做好相应的对位标记与符号,规范结构线条的使用(图 6-81)。

图 6-81

〉〉〉〉〉〉〉任务四
腰带时尚连衣裙的立体裁剪

一、款式分析

V 领设计,领口三个顺褶延伸到后片,形成领子。前后片各一个胸腰省,连身袖设计,装袖头,袖子自然回缩,裙身部分 O 形廓形,前后腰部各 6 个斜褶,前中波浪装饰,后中装拉链(图 6-82)。

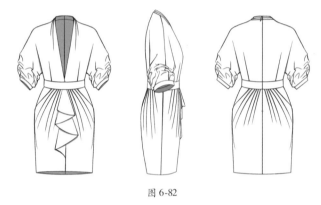

图 6-82

成品规格表见表 6-4。

表 6-4

单位:cm

部位	L(上衣)	L(裙长)	H(臀围)	W(腰围)	袖长	袖口	袖头宽
规格	35	45	98	68	50	26	2

二、人台准备

根据款式在人台上贴出各条结构线(图 6-83)。

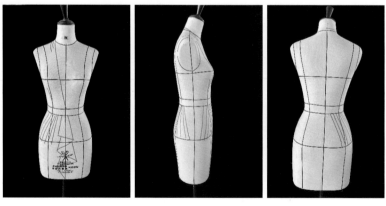

图 6-83

三、布料准备

1. 各片取布

依照款式造型,各结构片以长宽加一定量取布,具体如下:

前上衣片:长 65 cm、宽 80 cm 一片。

后上衣片:长 55 cm、宽 80 cm 一片。

前裙片:长 50 cm、宽 45 cm 一片。

后裙片:长 50 cm、宽 45 cm 一片。

腰带:与 A 字裙的方法一样。

袖头:长 30 cm、宽 6 cm 一片。

荷叶装饰片:长 40 cm、宽 40 cm 一片。

2. 布料基础线的画法

按要求取布后,进行纱向整理,并熨烫归正。用铅笔画出基础线(图6-84)。

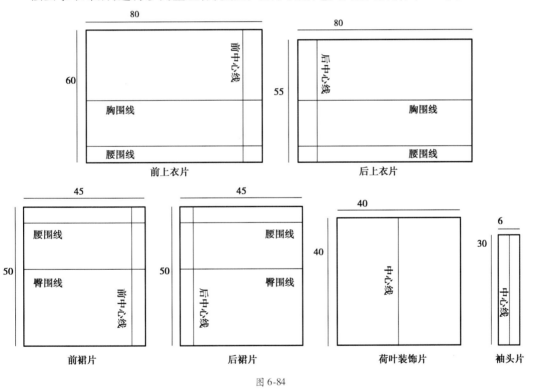

图 6-84

四、立裁操作

1. 前衣片

①将前中片固定在人台上,胸围线以上部分胸省量转移至肩部,调整出前领部分,剪去多余的布料,把前领的缝头折进去(图6-85)。

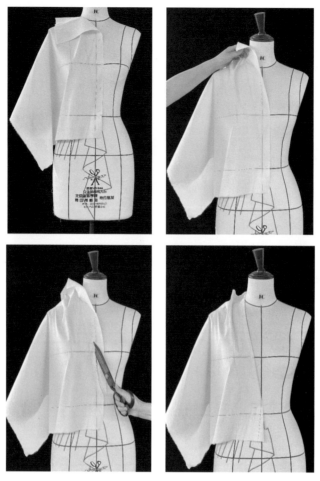

图 6-85

②调整出颈肩布料,顺势将肩部布料向颈部推回,形成颈肩部两顺褶,顺褶延伸到后片形成领子(图6-86)。沿肩斜轻抚布料,在肩端点处插针固定(图6-87)。

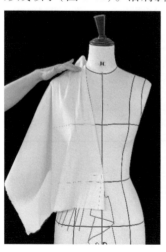 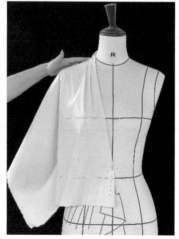 

图 6-86   图 6-87

③从颈肩点到肩端点顺势向下,用标记带贴出肩袖缝,剪去多余的布料(图6-88)。

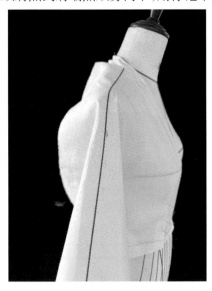

图 6-88

2. 后片
①把后片的布料固定到人台上,在领圈处剪去多余的量并与领子别起来(图6-89)。

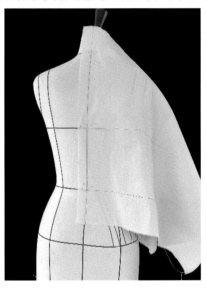

图 6-89

②沿着后肩部抹平布料,将前后颈肩点、肩斜线、肩端点别合起来;并捏出后胸腰省,剪去后腰节上多余的布料。在后侧缝处,留足空间量后插针固定(图6-90)。

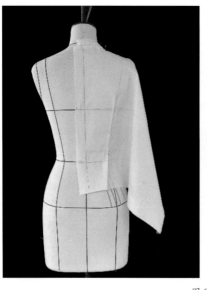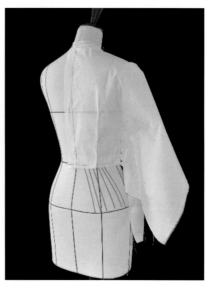

图 6-90

3. 袖

①沿肩端点向下,顺势折进布料形成袖中缝(图 6-91)。

②在腋下确定出袖深位与胸围松量,此款为连身袖,较一般服装的袖深更低,袖深位可确定在胸围线以下。捏合出上衣侧缝与袖底缝,为了缝制及穿着方便,两条缝交汇处为圆顺转弯(图 6-92)。

③用标记带贴出袖口位置,剪去腋下及袖口多余的布料(图 6-93)。

图 6-91   图 6-92   图 6-93

④根据款式图捏合出袖子的褶皱效果,装上袖头(图 6-94)。

图 6-94

4. 前裙片

①把裙身前片布料用八字对别针法固定到人台的前中心线上（图6-95）。

②根据款式图先捏出两个褶，调整裙身廓形（图6-96）。

③坯布上的臀围线逐渐往上走，捏出余下的几个褶（图6-97）。

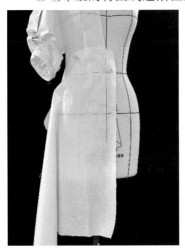

图 6-95   图 6-96   图 6-97

④用标记带贴出前裙的腰围线与侧缝，剪去多余的布料（图6-98）。

图 6-98

5. 后裙片

裙后片立体裁剪方法与前片一样,在此不再赘述,将前后侧缝别合起来(图 6-99)。

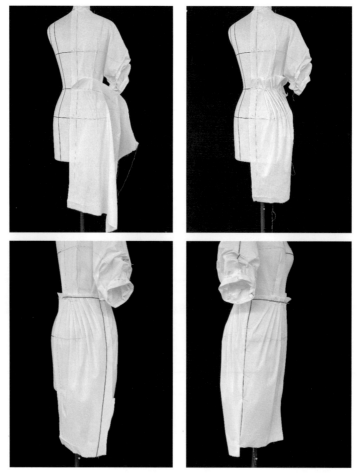

图 6-99

6. 前装饰片与裙腰

①在基础布料上剪出旋转形,放到人台上进行调整(图6-100)。

②调整装饰片的造型,剪去下摆多余的布料。

③按款式熨烫出腰带,别合在腰部(图6-101)。

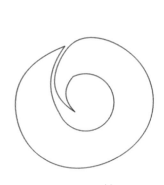

图 6-100

图 6-101

④整理各部分的结构,成品完成(图6-102)。

图 6-102

五、取样整理

用硫酸纸将整理后的坯布进行拓样,并做好相应的对位标记与符号,规范结构线条的使用(图 6-103)。

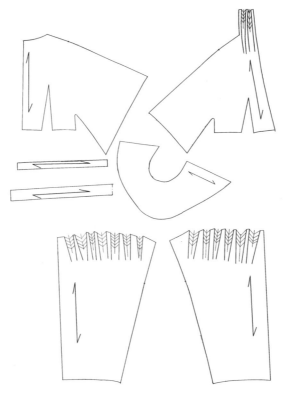

图 6-103

作业

1.请完成如图 6-104 所示小礼服裙的立体裁剪,要求造型准确,裙身干净整洁,前后裙长平衡,臀围松量分配适度,底边不起吊、不外翻。

图 6-104

2.请完成如图 6-105 所示旗袍的立体裁剪,要求造型准确,裙身干净整洁。

图 6-105

3.请完成如图 6-106 所示裙子的立体裁剪,要求造型准确,裙身干净整洁,前后裙长平衡,臀围松量分配适度,底边不起吊、不外翻。

图 6-106